數學也可以這樣學 2

跟大自然學幾何

Geometry in Nature

Exploring the Morphology of the
Natural World through Projective Geometry

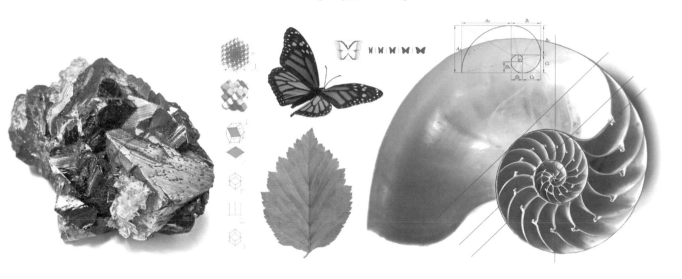

John Blackwood

約翰・布雷克伍德 —— 著

林倉億
蘇惠玉 —— 譯
蘇俊鴻

審訂序

既古典又現代的射影幾何學

洪萬生

在有關「幾何與藝術」或者「數學與大自然」之類主題的數學普及讀物之中，歐氏幾何學通常是科普作家所掌握的主要工具。藉由這種幾何（國中數學課程的主要內容），作家在說明藝術作品或大自然的美妙模式時，大概已經綽綽有餘，更何況這些作品所訴求的對象，無非是擁有國中數學素養的讀者。

當商周編輯諮詢本書 Geometry in Nature: Exploring the Morphology of the Natural World through Projective Geometry 是否值得出版（中譯本）時，由於我們幾位夥伴曾經合作中譯同一作者（布雷克伍德）的《數學也可以這樣學》（Mathematics in Nature, Space and Time），因此，我稍事瀏覽原著之後，即建議商周中譯本書。沒想到當時主要憑著直覺的推薦，後來竟然有著「無心插柳」的效果。

原來本書作者雖然出身工程，數學並非其大學主修專業，然而，他卻頗有膽識地使用射影幾何學，作為解說大自然美妙模式（pattern）的一個主要的工具。這門學問對於許多主修數學的讀者來說，可能稍感陌生，因為它早已經從大學數學系的（初級）課程中絕跡（目前，大概只有台灣師大數學系的「高等幾何」課程，還可以看到它的藏身之所）。因此，要不是作者注意到它所引伸的射影不變性（projective invariant）在吾人探索大自然的形態學（morphology）中的關鍵角色，我們根本無從發現：一個源自西方文藝復興時期繪畫透視學的幾何學，竟然可以發揮如此優雅的現代「應用」意義。

另一方面，為了審訂本書中譯稿，我還特別參考射影幾何學的專書。其中，對於我最有啟發的，莫過於 Jurgen Richter-Gebert 所著的《射影幾何學中的透視》（Perspectives on Projective Geometry）。他在計算機上「表現」幾何物件的結構時，也發現「古典的」射影幾何學十分有用。事實上，在本書中作者言而不宣的幾何奧妙，都可以在《射影幾何學中的透視》一書中，找到相當淺近的對應解說。

總之，數學這種既古典又現代的面向，在射影幾何學上表露無遺，本書《跟大自然學幾何》的作者手繪插圖及解說，也為我們提供了最具體的見證！無論你只是欣賞令人驚奇的圖片，或是有意深入理解蘊含的射影幾何，本書都是同類書籍中的上上之選，請千萬不要錯過。

本文作者為臺灣師範大學數學系退休教授

譯者序

一段跟大自然學習數學之旅

蘇俊鴻

假期中筆者有機會來趟北京之行，到盛名的天壇公園看看。當地有句順口溜：「天壇走一走，到處都是九。」足以代表的就是其中的圓丘壇：圓丘壇共分三層，每一層都有九圈由扇形青石板所鋪設的環狀排列。最上一層的中央有塊圓形石板，稱為天心石。圍繞天心石的第一環有九塊石板；第二環有2×9塊石板……直到最下層第二十七圈有27×9塊石板。這是一個等差數列的例子，也呼應著數學與人類文化的相互影響：源自中國人對於「九」這個（天）數的崇拜。不過，人造物的規律有跡易求，大自然之書所蘊含的規律卻是讓人迷惑再三，苦心思索。《跟大自然學幾何》一書，正是作者布雷克伍德進行數學探尋的詳實紀錄。

面對大自然展現出之各式各樣的形式特徵，作者想要知道：「有理解自然結構的方法嗎？我們能從看到的各種形式中找出系統性嗎？」對於上述問題，作者選擇從幾何學出發是合情合理，但特別的是，其進路為射影幾何學，而非我們比較熟悉的歐氏幾何學。因為，他認為射影幾何學「不同於歐幾里得幾何學，它不依賴測量；測量和形式會從射影幾何的簡單變換中出現」。並且，對於點、線、面這些幾何學中的基本元素，作者也希望我們：「能不能不要把我們世界想成只由點構成，換句話說，不是只有點，而是『點／線』、『線／面』這種成對的元素，或是『點／線／面』這種三元一組的元素。」如此一來，方能利用這些複合元素及其運動來描述面（surface）的形式。

不過，多數人從未學過射影幾何學，在此容我稍稍補充一些射影幾何學的相關知識：射影幾何又稱畫法幾何，由於建築和繪圖的需要，人們很早就開始研究投影和截影等問題。十七世紀時，文藝復興時期透視投影畫法的興起，提供射影幾何學發展的契機。稍後，法國數學家笛沙格（Girard Desargues）和巴斯卡（Blaise Pascal）兩人的定理為射影幾何學奠下基礎。到了十九世紀，龐賽列（Jean-Victor Poncelet）等人的努力，使得射影幾何學完備並成為獨立學門。

射影幾何學的「獨立」並未減損它與歐氏幾何學的密切關聯。套用十九世紀德國數學家克萊因（Felix Klein）的說法，幾何學是要研究空間在某種特定運動群下種種的不變性（invariants）。比方說，歐氏幾何就是研究平面（或空間）在剛體運動下的不變性。因此，射影幾何就是研究在射影變換下的不變性。何謂射影變換？直觀來看，射影變換可以看成是一連串平行光或是（點）光源射影的組合。而射影平面就是在歐氏平面「補進」一些「無窮遠點」，而這些無窮遠點會構成「無窮遠線」。所以，對代數方程論而

言，射影平面比歐氏平面來得完整，這也是
為什麼代數幾何學要在射影空間中討論的原
因。因此，黃武雄教授在多年前就提出：射
影幾何學可以銜接高中的解析幾何。[1]

　　對於射影幾何稍作說明後，我們再回到
《跟大自然學幾何》的介紹。本書共分十五
章：第一章導論介紹本書的意旨、想要處理
的問題以及採取的進路。第二章介紹笛沙格
定理，這是射影幾何的基礎，但作者對於理
論著墨不多，而是用了許多實作的圖形，說
明利用笛沙格定理如何將自然中的對稱性，
如兩側對稱、平移對稱、旋轉對稱等等形式
給予一般性的框架。此外，也說明射影幾何
中的基本原理 —— 對偶（配極）原理。簡言
之，點和直線在平面上會成立的性質，平面
和直線在點上也會成立。這個原理使得我們
可以轉換觀看的視角。作者認為：「點是我
們文化最喜歡的元素……細胞、分子、原子，
甚至是次原子粒子這些微小之物，被認為可
以提供關於**整體**的答案……這種化約論中存
在著某種悖謬。當我們越往小的部分去，我
們看到的就越少；當整體被化約成部分後，
脈絡就消失了。」這正是第三章所討論的重
點，對應於自然界的脈絡，分成平面元素、
直線元素、點元素，以及三者彼此相互作用
的形式。第四章和第五章，作者則是取用許
多自然界的實例，從（不）對稱性來驗證先
前介紹之數學工具的可行性。

　　接下來，作者處理了自然界中賦向
（orientation）的問題：第六章說明自然界不
同領域（礦物、植物、動物和人）有著不同
的趨向，並且與直線的方向相連結。再來，

則是處理節點模式（又稱為直線上的律動）
問題。第七章先介紹相應的數學工具 ——
直線上的三種測度：成長測度、環繞測度和
階段測度。第八章就以自然界的（平面）螺
線來說明其可行性。到了第九章，進一步推
至三維的射影幾何，以無窮遠點（虛點）個
數為依據，介紹全實四面體、半虛四面體和
虛四面體三種基本類型的四面體。再用這三
個四面體為模型，「點／線／面」所成的複
合元素如何運動形成路徑曲線，並據以解說
自然界中的空氣（水）漩渦的形式。第十一
章和十二章則是討論凸狀與凹形這兩個常見
的形式。所有的數學工具備齊後，作者便引
領我們分別對礦物界、植物界，以及動物界
這三個領域所顯現的形式，展示著他如何進
行研究探索的歷程，而這正是第十二章到第
十四章的內容。最後，第十五章則是指出作
者未來打算繼續研究的目標：與人類領域形
式的路徑曲線相應的四面體。

　　從上述內容的簡短描述可知，這是在討
論數學與大自然之美等相關主題中，採取頗
為「另類」進路的一本數學普及讀物。那麼，
在學校課程中，我們可以如何運用呢？儘管
作者的數學觀深受華德福教育哲學的影響，
亦即，數學的探索關乎著吾人靈修的徹悟。
不過，作者是工程師出身，加以從事數學教
學多年的背景，讓全書充滿實物照片和精美
圖案，每個例子都一步步帶領讀者經歷探索
的實作過程，連所犯錯誤也不掩飾！所有這
些，當然都值得推薦，然而，我們尤其要推
薦第十四章，因為一旦理解作者如何找到魚
類形式與所配對的路徑曲線，以及路徑所相

<hr>

1 有興趣的讀者可參見黃武雄，《高中解析幾何後記》，http://episte.math.ntu.edu.tw/articles/mm/mm_05_1_04/index.html。

應的四面體的過程 —— 從如何猜測、測量數據、模型驗證、調整參數，最後，再重複驗證 —— 讀者自然可以真實感受到科學研究的第一手經驗。因此，基於十二年國教新課綱強調跨領域、選修和重視學習歷程的目標，本書可以充當數學與自然科教師，或是數學與藝能科教師，設計跨領域教學的參考用書。另一方面，數學教師想將高中數學由解析幾何延伸至射影幾何，設計一門選修課程的話，那麼，本書也是射影幾何實作課程的絕佳參考之一。

總之，本書除了插圖精美、意涵深長之外，對於射影幾何學所發揮的工具特性，也提供了令人驚喜的簡要說明。因此，無論你只是湊個熱鬧，或是有意深入其中門道，本書都可以帶領我們跟著大自然學習幾何！

本文作者為市立北一女中數學科教師

目錄

第一章　導論

本書所假設的前提是，如果我們對事物能有一番思維（thoughts），那樣的思維必定是該事物內秉的。這不是一個新的概念。要看出這些思維到底是什麼或許並不容易，但問題未必出在事物或思維本身，可能是我們自身的不足。

與某個現象有關的思維，可能過了一天、一年、甚至一個世紀，我們都還未必會發現它，可是這並不表示它不在那裡。有某種重要的東西引導、構建、設計與支持著我們所見的事物，無論我們要不要去承認它。物理學家尤金・維格納（Eugene Wigner）和許多人一樣，對於數學觀念與現實世界之間的奇妙關聯感到不可思議，他在一九六〇年寫了一篇文章，名為〈數學在自然科學中不合理的有效性〉（The Unreasonable Effectiveness of Mathematics in the Natural Sciences）。對我來說，如果數學不是有效的，那才是不合理！魯道夫・史泰納（Rudolf Steiner, 1861-1925）在《自由哲學》（*The Philosophy of Freedom*）中表示，唯有當我們真正發覺這樣的思維時，才會開始尋找真實（reality）。克拉克・馬克士威爾（Clerk Maxwell, 1831-1879）憑借他的數學才能發現了光傳播的定律，然後才去實驗驗證。然而，康德（Immanuel Kant, 1724-1804）卻認為這種真實永遠無法被找到。

1.1 機械中的思維

對於我們自己製造出來的機械裝置，了解其內含的思維一點也不困難，因為那是我們一開始就放進去的，不然它就無法運作。這世界的其他部分也是這樣子運作的嗎？如果不是，為什麼不是呢？我們可以藉由自己的心智想像來改變這個世界的一些面貌，不就證明了我們內在之物可以在外在世界找到一席之地。

我相信，我們不需要受限於莎士比亞所謂的「蒼白的思維」

圖 1.1　機械裝置（薩曼莎・柯林斯〔Samantha Collins〕）

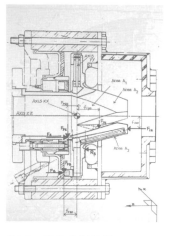

圖1.2　流量控制裝置

（pale cast of thought）。思維或許會開始黯淡，且持續一段很長的時間，但不必然就是我們的處境。有時候，一個想法就可以讓我們振奮起來——人們甚至會為了一個想法或理想而死。現今有蒼白的思維嗎？當然。只要看看某些人對於以「智能」（intelligent）一詞指稱世界時所爆發的憤怒，更不用說主張大自然裡有難以言喻的智慧（wisdom）。多麼「蒼白」啊！

　　教宗本篤十六世說：「世界是一個智能計畫（an intelligent project）。」就此而言，我恰好與他意見一致。但這不表示我有絲毫認同基要主義者（fundamentalist）的創世論觀點或唯物主義的意識形態。非常不幸地，「科學」一詞（如同許多詞彙一樣）被獨占與箝制了。「科學」意指知曉，而非單指物質知識。我們每天經常使用的數學、計數與幾何，就屬於「非物質」的知識。「科學」一詞已經被物質的自然科學給綁架了。這種人為的劃分，最好的情況就僅是一種限制，最壞則成為一種沒有絕對可信度的意識形態，如同其他信念體系一樣。喬思・韋呂勒（Jos Verhulst）在他的生物學研究中煞費苦心地指出，許多標榜為科學的東西，其實不過是一種潛在有害的意識形態。談及「許多專家熟知的達爾文學說固有的問題」時，他說：「在我看來，這種系統性漠視正當的反對意見，就等同於集體填鴨。」（維呂勒《發展動力學》〔*Developmental Dynamics*〕，第360頁）

　　本書並不是要討論認識論的細節，然而在我們想的與能感知

圖 1.3　兩個截然不同世界間的認知交錯（莎拉・艾德蒙森〔Sarah Edmondsen〕）

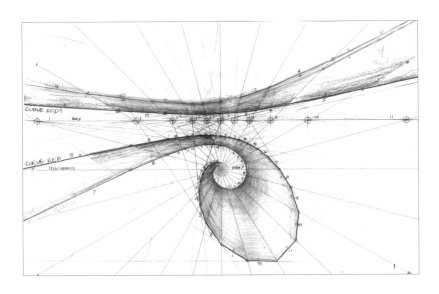

圖 1.4　在一個有序場域中運動的「點與線」配對

圖 1.5　新南威爾斯的兩棵大葉
南洋杉
圖 1.6　棕櫚樹的分枝形式
圖 1.7　叢尾袋貂呈現的兩側對
稱性（左右對稱）

到的兩者之間，似乎有某種聯結，這正是本書試著去探索的領域。誠然，這是真正的科學。我的信念是，科學是概念世界與現象世界的交織，這也是我在書中採用的認知模型。儘管抽象的概念與實際的現象存在著本質上的差異，但它們必須要被適當權衡，原因很簡單：它們是事物的一體兩面。

　　本書的出發點是**幾何學**──純粹概念的國度。我們會從射影幾何學（projective geometry）開始，不同於歐幾里得幾何學，它並不依賴測量；測量和形式會從射影幾何的簡單變換中出現。我們將針對在大自然中發現的形式，探究其是否正確反映出這些幾何形式。

　　幾何學的基本元素是點（point）、線（line）、面（plane）。我們每天觀看世界時，傾向將點視為最重要的，至於線和面則是由一系列的點構造出來。然而，我常常在想，我們能不能不要把這個世界想成只由點構成；換句話說，不是只有點，而是「點與線」、「線與面」這種成對的元素，或是「點線面」這種三元一組的元素。如此一來，我們就不難理解如何使用這些複合元素及其運動來描述一個面（surface）。比方說，圖 1.4 中展示的「場域」（field），就是由「點與線」自身有序的運動所建立的，而不單單只有點。（在第八章的路徑曲線中有更詳細的介紹。）

1.2 大自然的形式

　　本章接下來的目的是描述一些大自然形式的特徵。儘管我們

圖 1.8　暴露在外的白蟻

十分熟悉周遭所見到的許多形式，但正因為熟悉，讓我們錯過了一些重要的東西。僅僅是知道並非真正的認識和理解。那麼，有理解自然結構的方法嗎？我們能從看到的各種形式中找出系統性嗎？

　　這裡有一些例子提醒我們形式的多樣性。例如，是什麼引導大葉南洋杉的枝葉生長成那種形式？是什麼讓棕櫚樹開展成那樣的形式？

　　同樣地，是什麼把哺乳動物的頭部構造成具有兩側對稱性？這種對稱性怎麼會在動物、植物和礦物界中無所不在？在人類世界中，我們亦視其為理所當然。白蟻的體型與大部分昆蟲一樣，呈現出腹部、胸部和頭部三個區塊，這背後是否存在一個基本的模式？這是否證明了生物界的原始結構？除了顯而易見的五角星形，海星的形式是否有什麼用意？它的幾何是什麼？抑或，海膽的幾何是什麼？這些具有從嘴到背後縱向生長棘刺及節點的海膽，真的是蛋形而不是螺旋形嗎？

圖 1.9　　五角星形用的海星
圖 1.10　　各種海膽
圖 1.11　　葉脈中的分枝

圖 1.12　　竹節
圖 1.13　　環繞帝王花花梗更迭出現的葉子

那葉子呢？葉子有什麼樣的葉脈？它們的各種分叉是否讓人聯想到混沌理論的概念？這是大自然如何從葉子節點（或莖節）走到葉子邊緣的足跡嗎？竹節上是否有什麼機制？如果有的話，它趨向什麼？那帝王花（protea）更迭出現的葉子呢？這種情況常見嗎？是典型的、可以解釋的嗎？雞蛋的形式呢？松果與蘇鐵錐體上的神祕雙螺旋有值得探索的地方嗎？在這兩種顯然不同的物體上，有什麼本質上的相似之處嗎？

此外，一定有某種具有規則的性質對應石英的美麗形式。從微觀的角度，科學對這些形式有非常充分的認識，然而是否仍有被忽略或未被談論過的觀點？例如，石榴石晶體是如何形成一個完整而清晰的菱形十二面體（即使有一點破損），而不只是許多雜亂的小菱形十二面體聚集在一個分子堆中？是不是因為平面與多面體的形成的關聯比我們知道的還要多？

還有，動物的美麗外觀、器官形式、循環系統、多樣細胞、外在的樣式、器官的配置和交互作用之中，是不是有個支配一切的引導原型（guiding archetype），包含所有的形式、物種及其特化過程（specialisation）。這裡正好有兩個具代表性的例子：一隻漂亮的紅綠鸚鵡與（塔朗加）西部平原動物園裡的雄偉老虎。是否有某種形式，所有動物世界的物種都由它開展而出，但又趨近於它？

圖 1.14　鴨蛋（有隱約可見的螺旋）；圖 1.15　松果；圖 1.16　蘇鐵錐體；圖 1.17　石英晶體；圖 1.18　石榴石晶體

我們敢不敢說這種動物界所有物種趨異又趨同的形式，就是人類的形式？這是其他動物想要達到卻都失敗的形式？或許這樣的想法會招來咒罵，但科學界從沒認真考慮過它。

每個人都有名字，每個人都是他或她自己的特有種。相較之下，各種動物卻都是透過其物種名稱才被認識的。我不認為我們是動物，而且我也不認為我們曾經是：我們一直處於人類發展的階段，而不僅僅是一個倖存的動物。

1.3 自然界的方向

大自然的每個界域似乎都與特定方向[1]有著密切的關係，這些方向又在許多重要方面彼此關聯。幾何學的核心元素是線，線與自然界有什麼關係呢？

線的幾何就是成對的連結（a paired articulation），無論是靜態的還是動態的。而這反映在大自然中。儘管礦物界仍然令我費解，但是在生物界中，有兩個焦點位於一條像脊椎般的線上。在植物界，它們是鉛直線的兩端（冠層和下胚軸）；在動物界，則是一條傾向水平的線的兩端（頭部和尾部）。

接下來，則是關於平移、鏡射和旋轉這三種主要對稱的奧祕。它們是如何散布在自然界之中？在植物界，平移消失了，剩下鏡射（葉子）與旋轉（分支節點上）；而在動物界，平移和旋轉消失了，剩下鏡射。

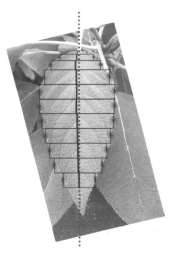

一株植物或一棵樹的大方向是環繞直立的莖向上生長；而在動物界，一般來說脊椎是水平方向的，即便是那些看起來好像是直立的動物，例如企鵝、袋鼠或大猩猩。仔細觀察就會發現，當企鵝游泳、袋鼠跳躍或大猩猩四腳奔跑時，水平方向才是主宰。然而，人類在直立姿態時，展現的是鉛直賦向，這再一次顯示人類與動物的截然不同。

圖 1.19　澳洲國王鸚鵡
圖 1.20　新南威爾斯西部平原動物園中的老虎
圖 1.21　平移對稱是使物體在形狀及賦向上一致，但往一個特定方向移動
圖 1.22　鏡射對稱（或兩側對稱）是物體的鏡射

---

1 審按：此處的「方向」譯自 orientation，原義是「賦向」，賦予方向的意思。

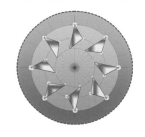

左：
圖 1.23　旋轉對稱是使物體在形狀上一樣，但作定量的旋轉

第二章 笛沙格和影子

我們在前一章看到，思維會以某種方式存在機械之中，否則機械就不能運作了。然而，我們看到了大自然中的「思維」或「邏輯」嗎？比方說，影子是什麼？諸如此類事物之形成，應該是容易明白的。我們能否從中看出一個思維結構，一個遵循邏輯概念與規則的結構？有沒有任何法則可以描述如何繪製一顆野生橄欖種子的影子？

雖然可以用直角坐標的變換來表示，但如果我們選擇一個更為一般的起點，事情會變得特別有趣。從笛沙格三角形定理（Desargues' Triangle Theorem）開始頗有助益，它又被稱為影子定理（Shadow Theorem）。

2.1 笛沙格三角形定理

這個定理是說，如果兩個三角形對應頂點的連線共點，則對應邊的交點就會共線。

透過圖形來理解這個定理會容易許多（如圖 2.2）。我們可以看到一個輻射點 S，和一條直線 h。通過點 S 的三條直線分別通過直線 h 上方三角形的三個頂點，此三角形的三個邊所在的直線和直線 h 會有三個交點。在通過點 S 的直線上任找一個點（位於 h 下方），就不難看出如何將直線 h 下方的三角形畫出來。這是個很好的練習，考驗我們繪圖的精確度。動手試試看，你就知道為什麼了！

這樣的作圖很直接簡單，可以從通過最高點（可視為太陽，所以用 S 稱之）的三條直線間的任一個三角形開始，而從左下方往右上方的白色直線 h 代表「地平線」，下方的三角形則表示地平線上方三角形的影子。

圖 2.3 是此定理的另一種表現方式，不同之處在於最初的三角形圍繞一開始的點 S。這張圖說明的不僅僅是兩個三角形，而

圖 2.1 野生橄欖種子的影子

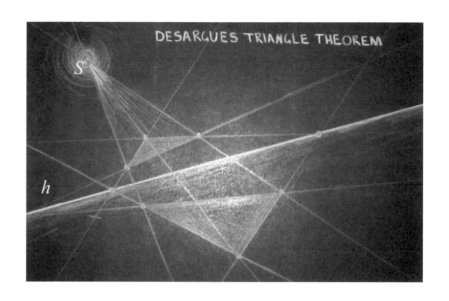

圖 2.2　笛沙格三角形定理，哈利·凱特恩斯（Harry Catterns）

是一系列遠離點 S 且很快地變得有點奇怪的三角形；不過它們仍然是投影三角形。比較大的三角形出現在上、下兩個部分，但從投影的角度看來，實際上是同一個三角形，一直延伸穿越無限的三角形。

　　透過以下的配置可以幫助我們了解笛沙格三角形定理是怎麼一回事：利用一個光源、一個物體及其影子，還有一條代表地平線的直線來呈現投影（圖 2.4）。光線來自一顆燈泡（不是真正的點，但必須如此），將玻璃四面體舉高，影子投射在水平桌面上。我們可以把代表光行走路徑的射線畫出來，玻璃四面體產生的影子形狀與大小會隨著玻璃四面體的變動而改變。

　　這個例子顯示，在影子現象的背後有一個明確的法則，適用於地球上及其他地方所有的影子。這個例子或許看似平凡，但實

圖 2.3　笛沙格三角形定理的另一種形式，一開始的三角形圍繞著給定的點

圖 2.4　四面體的影子

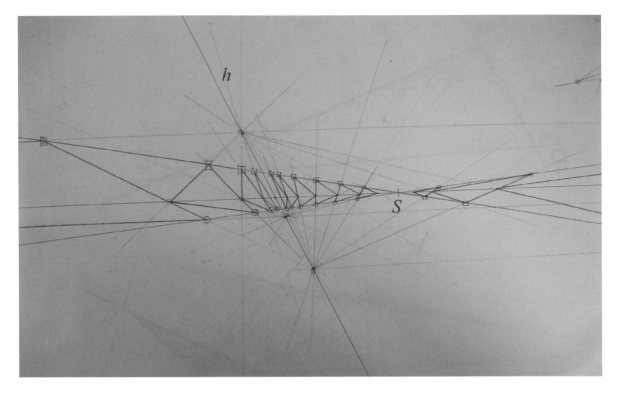

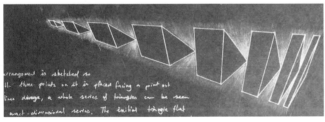

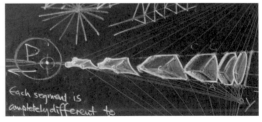

圖 2.5　平移三角形族
圖 2.6　「脊椎骨」畫（馬可，
11 歲學生）
圖 2.7　「脊椎骨」畫，三角柱
的轉變

際上它一點也不平凡。它具有預測和描述的力量，即便它很簡單。

2.2 一系列的三角形

　　笛沙格作圖也可以給我們一整個系列的三角形。在圖 2.5 中，我們從過點 S 的三條直線及另一條直線 h 開始。在點 S 和直線 h 之間任意畫一個頂點在三條直線上的三角形，在這三角形旁再畫一個頂點在三條直線上的三角形，且滿足三邊延長線和第一個三角形的三邊延長線在直線 h 上共點。繼續畫更多這樣子相鄰的三角形。有些三角形朝向點 S 而去，就好像要消失在點 S 裡面一樣；

另一些三角形向直線 h 靠近，就好像要融入直線 h 之中。在圖2.5中的三角形有兩個相反的傾向，分別往直線 h 之外（左側）與點 S 之外（右側）延伸。

這種作圖方式可以作出一系列的立體或是三角柱（圖2.6）。必須指出的是，這些三角柱長得都不一樣，大小不一樣、角不一樣、方向不一樣，但它們顯然都是同一族的。我的一位同僚看到這幅素描時說：「看起來像是脊椎骨！」從那時候開始，我就這麼稱呼它了。

這樣的說法或許點出了什麼。圖2.7中的每個柱體都只有些許質的改變，根本原因就在於描繪時是側重哪個定點或者是哪條定線。

讓我們挑選一種動物的骨骼，觀察牠每一塊脊椎骨的異同。在蘇格蘭佩提格魯博物館（Pettigrew Museum）中的鼠海豚骨頭標本，每塊脊椎骨的差異似乎不大。它們屬於同一種變化嗎？根據笛沙格的三角形系列，或許知名蘇格蘭生物學家湯普森爵士（Sir D'Arcy Wentworth Thompson）的不變性（invariance）觀點[1]需要被重新檢視了。

脊椎骨顯然不是三角形，但它們都是形式（forms）。任何形式都可以變換，即使像脊椎骨這樣有點複雜的形式。然而，有某種秩序嗎？有某種領域可以納入不同的形式嗎？是什麼將全部整合成一體？在三角形的變換中我們可以清楚看到這樣的整合，但

---

1 編按：主張物種演化可能是整個個體的大改變，而不是各部位小改變的累積。

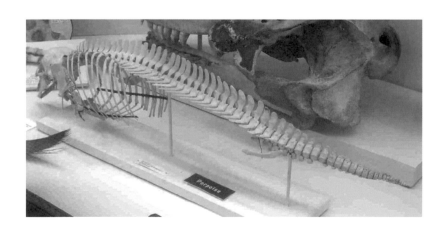

圖2.8　鼠海豚骨頭標本（蘇格蘭佩提格魯博物館）

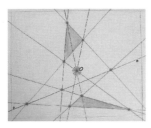

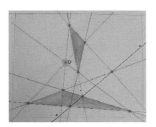

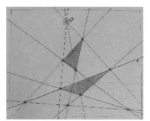

圖 2.9-2.12　各種笛沙格作圖

脊椎骨呢？要完全理解還有很長一段路得走，但是變化的三角形讓我聯想到，可能存在某種秩序原則。

2.3 變異和特殊情形

令人訝異的是，在笛沙格作圖中，利用一組直線，竟可以找到十種不同的三角形組合。倫威克·辛恩（A. Renwick Sheen）在《幾何學與想像》（*Geometry and the Imagination*）中有精細的描述（第 206 頁），我在圖 2.9 至圖 2.12 中展示了其中四種，認真的學生可以自己找出另外六種。

這種對影子和投影非常重要的作圖，還有其他的意義。圖 2.2 中點與線的位置可以有很多種配置方式。如果一開始給定的點與直線在特定的位置，那麼對應的三角形就會變得十分特別。而看來大自然感興趣並以其美妙方式呈現的，就是這些特殊的例子。

就某種意義來說，笛沙格三角形定理就是把一般情況過度簡化後的結果。任何輪廓或二維形式都可以被變換。在圖 2.13 中，透過許多個三角形（只顯示一個）就可以畫出整個影子，圓就變換成橢圓；這和圖 2.1 中橄欖種子的影子類似。

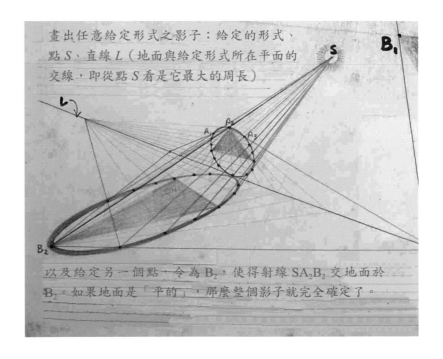

圖 2.13　一般形式的影子

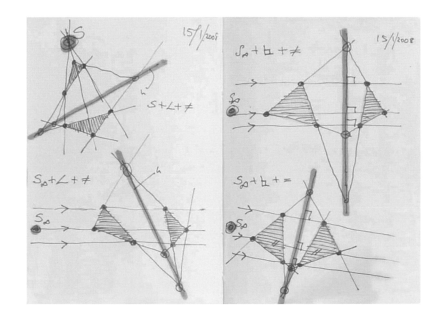

圖 2.14　左上角：一般的笛沙格定理；左下角：點 S 移至無窮遠處；右上角：點 S 在無窮遠處，直線 h 垂直三條平行直線；右下角：點 S 在無窮遠處，直線 h 垂直三條平行直線，且三角形對應頂點到直線 h 的距離相等。

2.4 兩側對稱

　　前文已經介紹了在平面上任給一點和一直線的情況。但若把它們放在幾個特別的位置，情況會如何？如果我們把直線 h 在地留下（可以說是留在紙上），把點 S 放得很遠很遠，事實上是放到無窮遠處，那麼通過點 S 的三條直線，看起來就像是平行的（三角形三邊延長的三個點仍然可以在直線 h 上）。圖 2.14 描繪出三角形朝向兩側對稱的三個階段。

　　首先，將點 S 放在無窮遠處，三條直線成平行，然後讓三條直線垂直直線 h，最後讓三角形對應頂點到直線 h 的距離相等。如此我們就有了鏡射，或稱為兩側對稱，也就是兩個三角形是彼此的鏡像。因此，兩側對稱是笛沙格作圖的一種特例。

　　大自然中有兩側對稱的例子嗎？有的，常可見於晶體的晶面，植物葉子、蘭花、蝴蝶、動物界及人類身上也都顯示出這種對稱性。由上往下看，典型的葉子基本上是兩側對稱於中央的葉脈（如圖 2.15）。蘭花鮮明地展現了這種對稱性，其對稱軸幾乎是鉛直的，例如蝴蝶蘭（如圖 2.16）。從正面看，動物也顯露了這種對稱性，對稱軸也幾乎是鉛直的（如圖 2.17）。人類身上也展示了這種對稱形式。

圖 2.15　各種葉子的兩側對稱
圖 2.16　蝴蝶蘭
圖 2.17　大袋鼠

這是對稱性的一種形式，在一般笛沙格作圖中逐漸增加限制，就會出現這種形式。

2.5 平移對稱

另一種對稱性是平移對稱，這似乎是最簡單的情況。以三角形為例，平移對稱除了改變位置外，三角形完全沒有改變，形狀是全等的，角度、邊長、面積都一樣，賦向也保持相同。圖 2.18 展現的是平移橫越頁面的三角形。

為了達成平移對稱這個目標，必須在原來的安排中特別做什麼？（如圖 2.19）再一次地，將點 S 放在無窮遠處，通過它的三條直線再次成為平行；只是這一次，三角形都要放在點 S 和直線 h 之間。令過點 S 的三條直線為 a、b、c，直線 h 上的三個點為 A、B、C。第三個步驟是最關鍵也最有趣的，現在把直線 h 移到無窮遠處（我用一個大的虛線圓來表示，或許這麼做有待商榷）。若點 S 在無窮遠處，那麼它一定在直線 h 上，而點 A、B、C 也一定在這無窮遠的直線上。那麼三角形會發生什麼事？它們會變成全等的三角形——對應邊和對應角都相等，除了位置不同。

這種對稱性指出了平面上的重複（repetition）。大自然裡何處可見到這種對稱性呢？這種對稱性可以出現在微觀層面，大抵是以基本原子為單位的重複；在更大一點的尺度上，應該就是指

圖 2.18　平移對稱

圖 2.19　左上角：一開始的配置情形；左下角：點 S 在無窮遠處；右邊：直線 h 也在無窮遠處

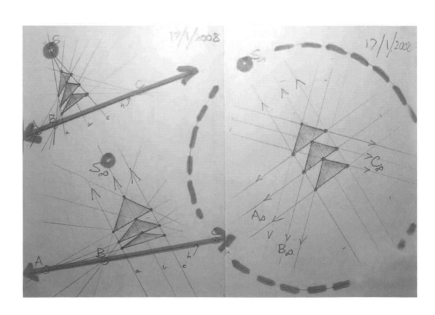

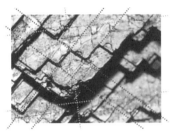

圖 2.20　方鉛礦
圖 2.21　方鉛礦特寫

晶體結構。有些晶體（如圖 2.20 中的方鉛礦）展現了這種重複結構，看起來像是矩形、甚至是大尺度正方形的連續重複。這種結構存在於這一大塊方鉛礦中：照片中的線條紋路和明顯可見的正方形、矩形成 45 度角。圖 2.21 中清楚看見，紅色虛線標示出一個正方形，45 度直線則以綠色虛線表示，它們交錯於互相垂直的裂痕。在圖 2.22 中，用「球」來表達硫化鉛晶體的分子結構。很明顯的，任何表面看起來都像是由正方形拼湊而成。

　　這種棋盤式鑲嵌可以出現在更大的規模上。我在澳洲東海岸看到的岩台，表面上有相當規則的巨大塑形，中間是被侵蝕而成的裂縫，像極了大型的鋪路石。我們可以說這就像是由六邊形石柱組成的愛爾蘭巨人堤道（Giant's Causeway）一樣，也是由單元平移而成的嗎？

　　大自然以這些重複的形式來造物，我們亦然。想想層層堆疊的磚頭。我們在建築中一再使用這種對稱性，無論大小。建築師

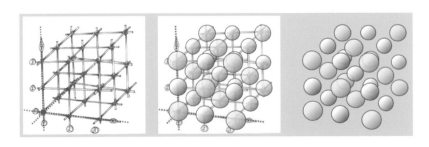

圖 2.22　硫化鉛晶體模型

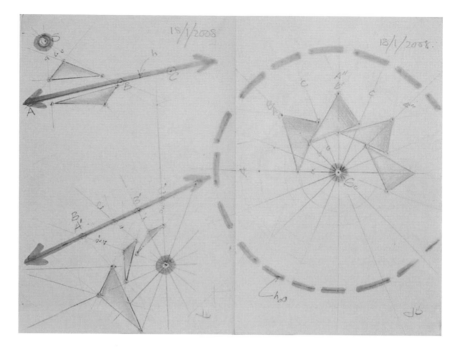

圖 2.23　一般的配置情形
（左上角）；三條直線與三
個點改變位置（左下角）；
直線 h 移至無窮遠處（右
邊）

圖 2.24　花朵的旋轉對稱

圖 2.25　旋轉對稱

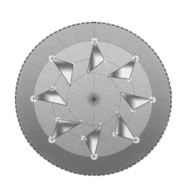

嚴謹地使用這種簡單的重複所設計出來的摩天大樓窗戶，則是另
一個常見的好例子。

2.6 旋轉對稱

還要考慮一種很重要的對稱性。現在，把一開始的點 S 放在
中央，直線 h 留在附近，讓三條直線 a、b、c 與三個交點 A、B、
C 開始運動。這是什麼意思呢？意思是三條直線圍繞著點 S 旋
轉，而對應的交點 A、B、C 則在直線 h 上移動。

在圖 2.23 中，左上角表示笛沙格作圖的一般情況；左下角則
是顯示當三條直線旋轉且三個交點 A、B、C 移動時，三角形會如
何運動。三角形以繞著點 S 的方式移動，逐漸地變大再變小，同
時改變方向與形狀。它們的旋轉軌道是橢圓的，三角形的任一個
頂點都是在以點 S 為焦點的橢圓上移動（所以三個頂點就形成三
個套在一起的橢圓）。下一步（圖 2.23 的右邊）是關鍵。把直線
h 移到無窮遠處（再次以大的虛線圓來表示這條特殊線），並讓
點 S 在中央。三條直線依舊繞著點 S 旋轉，但三個交點 A、B、C
則是在無窮遠處的直線上移動。令人驚訝的是，這就得到了熟悉

的純旋轉的圖形。於是，我們從最初的情況中推導出簡單且精確的旋轉結構，三角形全都變得一模一樣，並以點 S 為中心旋轉。

　　大自然中哪裡可以找到這種完全是圓形的旋轉？隨處可見，特別是花朵，如圖 2.24。在這張圖中，一片片花瓣取代了三角形的角色。（這些花瓣是完全相同的嗎？這是一個可以繼續探究的問題，只是究竟要精確到什麼地步才能說是完全相同呢？）要畫這個幾何圖，直線位在無窮遠處只是一種假設（如圖 2.25），基本的概念是這個結構需要中心點，也需要外圍的直線，即便我們無法真的畫出它、看到它或得到它。

　　圖 2.26 描繪的是圖 2.23 第二步驟中的橢圓形旋轉。顯然，圖中的三角形都屬於一個三角形族。每個三角形幾乎在各方面都不同，但它們仍是同一族的。如果某個三角形畫得不正確，我們就會覺得它很突兀，因為我們心中彷彿有個和諧之眼，可以一眼看出不和諧。這些三角形如何呈現取決於它們與點 S 以及直線 h 的相關位置，而在描繪的圖中，直線 h 實際上是在頁面之外的。

　　我曾經很好奇在大自然中有什麼是類似這種對稱形式，後來我在澳洲北海岸的一個飯店休閒區，偶然發現了一種具有對稱性的植物。圖 2.27 中，扇形葉子圍繞著它們的中心，每一片葉子都有很明顯的兩側對稱性，而且環繞葉子尖端的正是橢圓形式的、不對稱的旋轉。雖然這在植物界似乎不常見，但確實存在。

　　此處我們可以問一個有趣的問題，如果中心在這輪扇形葉中顯而易見，那麼那條直線在哪裡呢？如果有的話，它有什麼意義呢？答案是，這就是整體幾何結構的一部分，即便我們給不出直接的解釋。為什麼要仰賴「中心」甚於「外圍」呢？從幾何的角度來看，那條直線，或者說外圍，都是不可忽視的；它如同中心一樣，都是完美構造中不可或缺的一部分。

　　我相當訝異原來這些對稱性來自於一個基本的設計，而且在大自然中，這些對稱性都有一些典型代表。就我所知，只有在影子中才會出現共通情形。因此，影子定理會是笛沙格定理的另一個合適的名稱。

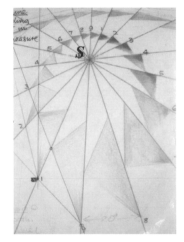

圖 2.26　橢圓形旋轉
圖 2.27　葉片中的不對稱旋轉

2.7 對偶與配極

在結束這一章之前，讓我們稍稍論及幾何學的一個面向，這將對後面章節有所助益。射影幾何中的一個基本原理，就是一系列的對應關係，例如：

相異兩點決定一條直線；相異兩平面決定一條直線。

一直線和不在直線上的一點決定一個平面；一平面和不在平面上的一直線決定一個點。

圖 2.28　我們可以想像平面上的橢圓（連接點的黑線），或是點上的橢圓錐（綠色平面）

在以上兩個敘述中，直線保持不變的情況下，點和平面是可以互換的。也就是說，點和直線在平面上會成立的事，平面和直線也會在點上成立。

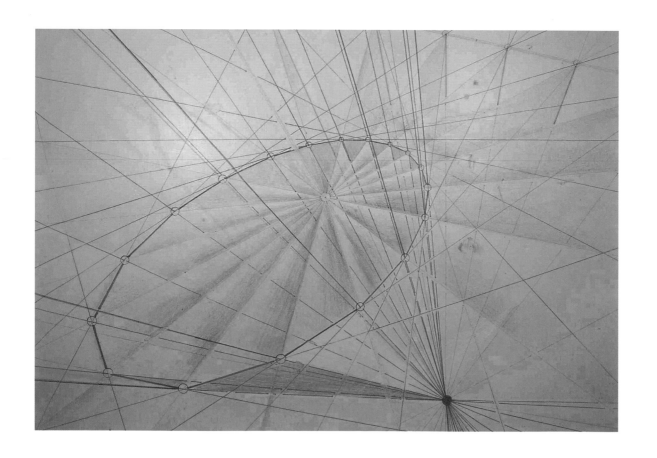

　　這就是所謂的對偶（duality）原理或配極（polarity）原理；每一個性質則稱為另一個性質的對偶或配極。

　　假如我們把自己侷限在平面而不是空間，討論的基本對象只有點和直線。那麼我們就可以把這兩個基本元素當作平面上的對偶來互換。比方說，三個點決定一個三角形，反過來說就是三條直線決定一個三角形。

　　更難想像的（主要是因為在我們的日常生活中對此並不熟悉）是把我們自己侷限一個點上，考慮通過它的所有直線和平面，這是點的幾何學。我們可以說：

　　任意兩條直線決定一個平面；任意兩個平面決定一條直線。

　　我們同樣可以將平面和直線互換，這樣就把點的幾何學對偶化了。

　　到目前為止，我們都是在平面上考慮這些形式。而我們在平面上可以做的每件事，也都可以在一個點上做。從圖 2.28 來看應該就清楚了，圖中我們可以把平面上的橢圓和點上的橢圓錐想成是緊密相連的。在平面上，我們用點和直線來「作圖」；在點上，如果可以的話，我們只用直線和平面來「作圖」。用想的很難，但從作圖中就可以理解。

第三章　幾何元素和它們的形態

看待我們世界的方式，不只是從片段的、粒子的觀點（這是化約論的困境），也要從線和面的觀點，這正是我所要追求的思維。

3.1 平面元素

我記得幾年前曾經從挪威橫越北海回到英格蘭。除了渡輪的尾流外，海面平靜無波，像是一個蓄水池。這片如鏡之海顯然是不尋常的。一般而言活躍波動的表面，詭異地近乎平坦。它平坦到我們從船上就可以看到幾公尺遠處一隻海鷗划水的倒影。倒影必須有平的反射表面，而在通常是波浪起伏、海流漩渦、浪花四濺的地方，竟然能夠看見倒影。它就是平面，具有平面的性質。

圖 3.1　黃鐵礦晶體表面

　　我們在礦物晶體上看到的表面或晶面往往也是十分平坦，如黃鐵礦，或是像正長石晶體、煙石英的晶面，有點粗糙，但基本上是平的。很明顯地，這些晶體的表面結構是由高反射性的晶面所組成，甚至可以將它們視為天然的小鏡子。這裡我們再次看到無限平面的一部分（晶面）。

　　回到幾何學，我們如何畫一個平面呢？純粹的幾何平面是沒辦法圖示的，我們只好畫成薄片，也就是從整體截取出許多小片面疊成的薄片。平面可以有密度嗎？平面是由什麼構成的？我們可以將平面視為是由不同的元素所組成。這樣的元素有兩個：**直線和點**，它們和平面一樣也是無實體的（insubstantial）！每一個點中都有無限多條直線，每一條直線中都有無限多個點。

　　這是否意味著就連每一個晶面都「包含」這樣的無限？確實如此。然而，這樣的晶面受限於另外兩個元素：直線和點，或稱為稜邊和頂點，或交界和稜角。看看石英晶體的一個晶面，它可以被視為是由幾個點和同樣數量的隱含直線所界定。

　　最少要幾個點才可以決定一個平面？三個。那最少要幾條直線才可以決定一個平面？**兩條相交的直線**（相交很重要，若兩條直線是歪斜的，就不會相交）。一條直線和一個點（不在線上）也可以決定一個平面。

　　幾何學或概念上的平面是無限延伸的理想平面，而我們在周遭世界所看到的平面是有限的（且不完美的），但一定有一種毗連性（contiguity）。當我們看見一個晶體的半坦表面時，它彷彿就是個無限的、理想的平面，把眾多像點一樣的分子以最奇妙的順序排列在一起。

　　也許這個無形的、無限的平面決定了表面的巨觀形式，就像黃鐵礦晶體中的條紋（圖 3.5），或像是螢石、鑽石的八面體解理（圖 3.6）。（我們可以藉由一定的切片來得到晶體的剖面圖，如圖 3.7 所示。）

　　實際上，我們能否把這樣子的表面視作既是物質礦物上的小平面，同時也是無限的、無形的平面？難道它們不是一體的兩面嗎？

　　無形的表面無所不在。雲層往往看似飄浮在一個特定的高度（是由壓力或溫度梯度造成的並非重點），我們所**看見**的正是一個平面元素的跡象，一個承載水蒸氣的平面。

圖 3.2　正長石（查普曼〔Albert Chapman〕收藏品，雪梨澳洲博物館）
圖 3.3　煙石英
圖 3.4　石英晶面

3.2 直線元素

直線位居三個元素的中間，這表示它在某種程度上比另外兩個元素更重要嗎？線具有內含性與外延性。正對著線看過去，我們看到的只是一個點，它的切口；從別處看，我們看到的是一個無限延伸的實體。它腳踏兩條船，可以被視為介於平面與點之間的元素。

哪裡可以看到類似直線的東西？我們永遠無法宣稱看到整條直線，最多只能說我們看到的是線段或線間隔。大自然向我們展示了線段的多樣性，青草、竹子的生長、金合歡樹的纖細花瓣，或海膽的刺。在這一切之中，我們真正看到的只是直線的一小部分，因為直線是無限長的。

我們所說的直線常常只是兩個不同顏色表面的交會處，如圖3.10的新南威爾斯鄉村景色：太陽的明亮光線對比灰濛濛的雲層，屋頂對比屋後的樹葉與天空，屋後的樹幹對比天空，低矮雲層的表面對比背景的顏色，垂直電線杆、路上標線對比柏油路面。直線元素交織於自然景物和人造物之間，呈現我們眼前。

我們周圍的直線在哪裡？在感官世界中，顯然有許多呈現直（straightness）的意義。在兩個不同顏色表面的交會處，直線就會出現；它甚至會出現在岩石中密度不同的交界處，如圖3.11；它也會出現在植物的莖中，從百子蓮到小草，從松樹到百合，從荊棘到海膽的尖刺，如圖3.13中的梅氏長海膽。

在某些地方，如城市中高聳的大樓景觀，如果沒有無形的、連續的直線，就很難有透視的觀念。

在許多城市景觀或景色中都可以看到直線，或更確切地說，是線段。

由上至下：
圖 3.5　黃鐵礦的條紋
圖 3.6　螢石解理
圖 3.7　由立方體組成的八面體
圖 3.8　雲層

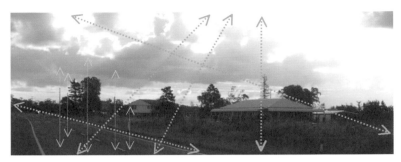

圖 3.9　觀賞竹　　　　　　　　圖 3.10　鄉村景色中的直線

有兩種截然不同的方法可以用來定義一條直線。空間中任意兩個點可以定義一條直線——通過它們且延伸而去的直線（如圖 3.15，點 P_1 和 P_2 定義直線 l_{12}）。另外，任意兩個平面也可以定義一條直線（如圖 3.16，平面 π_1 和 π_2 定義直線 l_{12}）。請注意，如果兩個平面是平行的，那麼它們會在無窮遠處交於一直線。我們可以在任何房間裡找到兩個平面相交的例證，好比兩面牆交於一條從地板到天花板的線。

圖 3.11　岩石界線

我們要記住的是，這些貌似抽象的直線，可是包含了滿滿的、無限多個點；甚至可以說，一條直線包含沿著它平放的點。然而，自然界無法完整呈現這些。但它們就在那裡，值得我們去發掘。

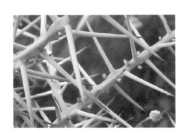

圖 3.12　荊棘

圖 3.13　梅氏長海膽（阿什利・米斯凱利〔Ashley Miskelly〕）

圖 3.14　消失線，高聳城市景觀中的透視

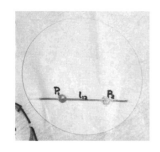

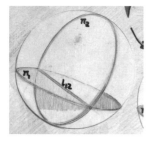

圖 3.15　兩個點定義的直線
圖 3.16　兩個平面定義一條直線

最近我在昆士蘭看到許多竹子，它們看起來就像有一連串的點在直線般的莖上（圖 3.17）。

我們也可以將直線描述成包含無限多個平面。平面繞直線旋轉，而點循著直線移動。圖 3.18 簡略地說明什麼是在直線上的平面。大自然中哪裡可以找到在直線上的平面？我想到兩個例子。一個是晶體內兩個面相交的邊；另一個則是裝飾用的、俗稱「書松」的小松樹（圖 3.19 與圖 3.20），每一片葉子（如果可以說是葉子的話）幾乎是平坦且垂直的。

平面的旋轉與點的平移這兩個面向需要同時考慮。後面章節會再探討結合「沿著直線的節點」與「圍繞著直線的平面」這兩者的作用（第十三章），因為它與植物世界特別有關聯。

3.3 點元素

點是我們的文化最喜歡的元素。我們認為可以用它的成分來解釋所有的東西。細胞、分子、原子，甚至是次原子粒子這些微小之物，被認為可以為它們身為其中一部分的整體提供解答。這

圖 3.17　竹子與節點

種化約論中存在著某種悖謬。當我們越往小的部分去，我們看到的就越少；當整體被化約成部分後，脈絡就消失了。

這個觀點——若只抱持這個觀點就成了一種偏見——已經主宰西方世界好幾個世紀，儘管它是片面的，卻也引領了許多非凡的新發現。然而，整體是由細部決定的這種觀念，正慢慢受到質疑，例如丹尼士・諾布爾（Denis Nobel）的《生命的樂章》（*The Music of Life*）所論述。

點沒有大小，所以「比點大多少」這樣的問題是沒有意義的。但是我們可以把點視作內聚而非延伸的，這可以應用在從能想像得到的最小粒子到最大的恆星，而最大的恆星在我們所相信的浩瀚宇宙中其實是微不足道的。

正如一個平面可以簡單地用三個點來定義，互反（reciprocal）敘述亦為真：一個點可以由三個平面定義。在圖 3.21 中，三個平面 π_1、π_2 和 π_3 兩兩交於一線（l_{12}、l_{13} 和 l_{23}），而三直線交於　點 P。

這兩個定義互為配極。如果我們不側重點或直線，這種配極是有意義的。儘管互反的元素本質上完全不同，然而它們的相互關係再明白不過。這是否意味著在大自然中非常成功的逐點進路（pointwise approach），可以用逐面進路（planewise approach）來加以補充？

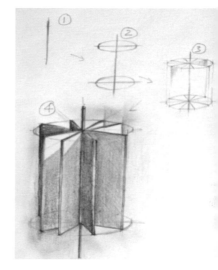

圖 3.18　共線的風扇狀平面

圖 3.19　書松
圖 3.20　葉子特寫

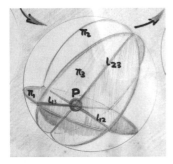

圖 3.21　三個平面決定一個點
圖 3.22　晶體中三個晶面交會
處形成頂點（點）
圖 3.23　紅火球帝王花的種子

這個定義可見的例子是石英晶體的三個晶面，相鄰的面都交於一個稜邊，三個稜邊重合處是一個點，也稱為頂點，圖 3.22 中圈出來的就是這種頂點。

在植物世界，種子就有這種逐點的傾向。有時候我們會用種子來表示事物的起點。以紅火球帝王花（Waratah）的種子為例，它只比火柴棒的頭略大一點。相較於它可以長成的模樣，我們仍然把它視為一個點，在合適的條件下它可以成長為新南威爾斯州的最大花朵，並作為該州的象徵。

抽象的點所包含的遠遠超過它的外觀。雖然只要兩條線就足以決定它，但每一個點包含無限多個通過它的直線，也包含無限多個通過它的平面。或許種子所包含的，也遠遠超乎我們的想像。

3.4 元素的相互依賴

我們無法真的只考慮這三個元素中的任何一個，因為每一個都必然包含其他兩個。在任一個晶體形式中，這都是不證自明的，因為每一個角或頂點，至少會有三條線通過它，而每一條線都有兩個平面相交於此。柏拉圖立體的面就是典型的例子——圖 3.25 中的正十二面體，五邊形的面相接而成的三條線交於一點，共二十個。與這個互反的是三個頂點決定一個三角形面的三個邊，

圖 3.24　紅火球帝王花

在這種情況下，它就是正二十面體的其中一個面（圖 3.26）。

　　這三個元素總是在一起，它們是不證自明之理、是先驗的，對我們大多數人來說是直觀且明顯的；或許除了勞倫斯·愛德華常說的「一屋子的數學家」以外。（《生命的漩渦》〔The Vortex of Life〕，第 18 頁）

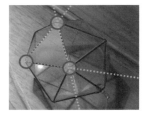

　　到目前為止所提及的任何靜態形式，都可以用這三個基本元素中的一個或多個元素的觀點來表示。比方說，我們可以從三個面向來勾勒四面體，圖 3.27 顯示了從「球」或點（左上角）、從「棍子」或線（右上角），以及從面的方式來呈現四面體；最後一個是最常呈現的方式，因為它適合用紙板來做模型。

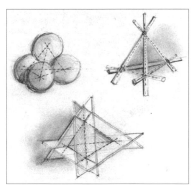

　　圖 3.28 總結了我們檢視過的元素的個別描述。其中左下角和右上角決定的是直線，左上角和上面中間決定的是平面（從直線和點來決定平面），下面中間與右下角決定的是點（從平面和直線來決定點）。

　　在大自然中，顯示這三個幾何元素相互作用的是網結（anastomosis）的概念。網結指的是東西如何覆蓋一個表面或填充一個體積，就像一個內在相互連結的網絡。例如葉子的葉脈通常有個特徵，就是從與莖相連的地方到葉片外圍，會有一個非常

圖 3.25　十二面體的稜角
圖 3.26　二十面體的面（克莉斯特爾·波斯特〔Christel Post〕）
圖 3.27　點、線、面的四面體

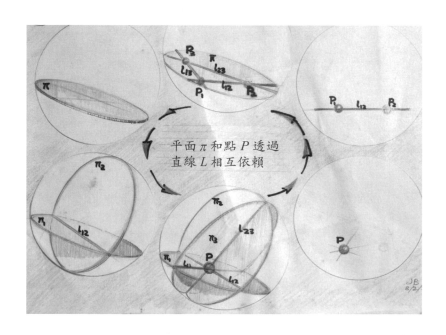

平面 π 和點 P 透過
直線 L 相互依賴

圖 3.28　點、線、面的相互關係

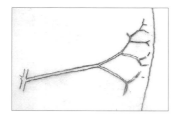

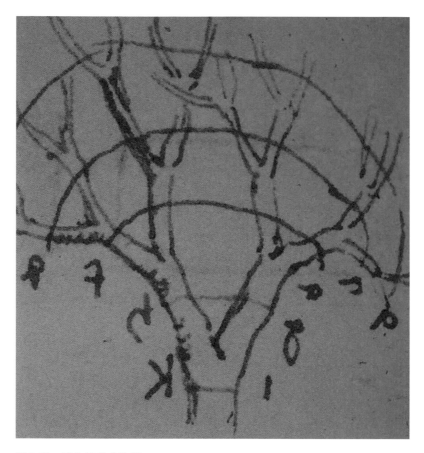

圖 3.32　達文西的手繪圖

有趣且常見的轉變，這是點和直線在平面上（葉子基本上是平的）共同作用的結果。在節點的地方分支成線段，在下一個節點再繼續分支，一直分支下去，越分越細（圖 3.29）。把圖 3.29 與真正的葉脈（圖 3.30）或龍血樹（dragon tree，圖 3.31）做比較。

　　對我來說，這意味著從一個元素轉變成另一個，從相連處到彎彎曲曲的線、從結點到邊緣、從點到線。達文西（Leonardo da Vinci）已經注意到這一點，他畫的可能是一個器官上的血管、一棵樹的樹枝，或是一片葉子的葉脈（圖 3.32）。血管、樹枝、葉脈這些形式，看起來就像是一九七〇年代羅伯特・梅（Robert May）等人推展的渾沌理論中，單峰所產生的分歧。一個簡單的單峰所產生的圖形和這些圖像有相似之處（圖 3.33）。

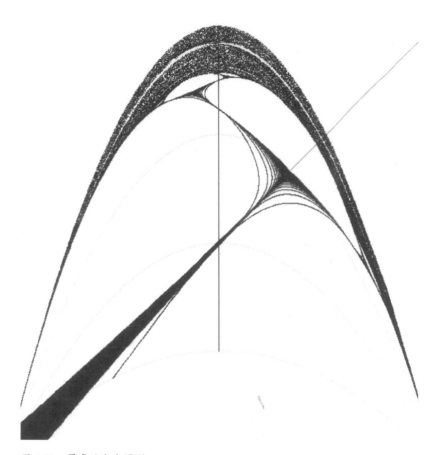

圖 3.33　單峰的分支圖形

　　直到十九世紀初，當替代歐幾里得第五設準（關於平行線）的新設準被嚴格地研究之後，出現了截然不同的幾何學。俄羅斯的羅巴切夫斯基（Nikolai Ivanovich Lobachevsky）和匈牙利的亞諾什·鮑耶（Janos Bolyai），各自獨立地發展出後來被稱為「非歐幾何學」的新幾何學，這促進了綜合射影幾何學（synthetic projective geometry）的發展。在綜合射影幾何學之中，位在無窮遠處的點被視為相同於且可轉換成歐幾里得空間中的點。

第四章　大自然中的對稱

4.1 植物的兩側對稱

　　許多事物都展現這種兩側對稱性，在人類、動物、植物與礦物中都可以找到，它或許是最常見的對稱形式。其他的對稱形式比較不明顯，有時甚至難以看得出來。

　　圖 4.1 是澳洲原生種山魔鬼（mountain devil）的果實，它是兩側對稱的最佳例子。注意看它以一條中心線作鏡射，而且它不是只有在平面上對稱，在空間中也對稱。美麗的蝴蝶（圖 4.2）也證實了這種對稱形式，圖中蝴蝶的翅膀十分平整，通過蝴蝶身體中心且垂直翅膀的兩邊平面相互對稱。由上往下看，對稱軸其實是一個上下延伸的平面，而蝴蝶身體是一個三維的實體。

　　這種對稱平面可以在許多昆蟲、動物和人類身軀中發現，絕大多數的生物都有一個兩側對稱的體型，例外不多。人類和動物

圖 4.1　山魔鬼果實
圖 4.2　蝴蝶的對稱性

在外觀上都合乎這種對稱性，不過身體內部又是另外一回事了。人類和動物體內的器官並非對稱的。

　　在植物世界中，葉子清楚顯示了這種對稱性，如圖 4.3 至圖 4.8。但請注意，圖 4.9 是一種澳洲原生種的葉子，看起來的確很像是兩側對稱，但真的是嗎？或者只是趨向兩側對稱？根據圖 4.10 顯示，應該屬後者，但已經相當接近了。圖中黃色的點到中間葉梗的距離幾乎是相等的。注意看中央葉梗的每一側都有些尖刺未精確地對稱。對我來說，這已經足以表示有某種趨向完美兩側對稱的形成力量，只是未必成功。我想重點在於趨向而非精確，雖然為何一邊應該要對稱另一邊仍然是未解之謎。

　　圖 4.11 是測試葉子的兩側對稱性，我選了一片葉子，很容易可以看得出來它完全是對中間葉梗鏡射。實際上有多精準呢？我

圖 4.3-4.8　各式各樣的葉子

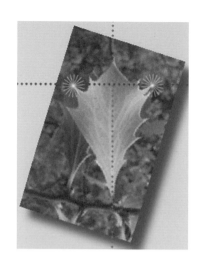

圖 4.9　看起來像兩側對稱
圖 4.10　幾何學顯示相當接近
圖 4.11　兩側對稱性測試

圖 4.12　鏡射測試
圖 4.13　不對稱的秋海棠葉子
（長萼秋海棠）

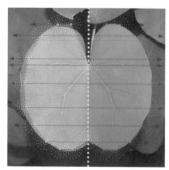

在葉子左右兩側的邊緣標示上幾個點，然後把它們的中點也標示出來（紅粗線）。藍色的點表示葉子中間的梗。兩者的差距顯而易見，但這並非不合乎兩側對稱性的表現，而是越往葉子尖端越符合兩側對稱性。同時也請注意，兩側的葉脈形式是相似的，並非完全一樣。這種相似而非完全一致很奇妙有趣。兩邊不一致但仍然很相近，這種現象很常見。

　　或許你覺得圖 4.12 的葉子是一個很好的候選者。看起來的確是，但並非百分之百。這一次我用一個藍色的多邊形覆蓋葉子右側，假定一條中間軸線（白色點），然後把藍色多邊形翻到中間軸線的另一側去，得到的就是黃色的多邊形。現在可以輕易地看出來，葉子的左右兩側是多麼相近（或不相近）。把通過對稱點且垂直中間軸線的紅色平行線也加進來，這就意味著在無窮遠處存在一個理論上的點。

　　我要說的是，在葉子這個有機體中，有一股想要達成兩側對稱性的強烈趨向。不禁讓人聯想到，這和位在無窮遠處的幾何元素有關，所以存在葉子中的概念架構是無限的。

　　並非所有的葉子都有這種兩側對稱的趨向。某些葉子有顯著的不對稱性，其幾何範式（geometric paradigm）仍有待探究。大秋海棠科富有這種不對稱性，圖 4.13 是長萼秋海棠。我們依然可以問的問題是，有沒有什麼有系統的、說得通的幾何，可以用於這種不對稱性？我目前無法回答這個問題，雖然我猜測它會與調和構造（harmonic construction）有關（參見第十四章）。儘管

這樣的葉子本身也許是不對稱的，但它可能和莖的另一側葉子對稱，如圖 4.14。

也有許多植物有兩側對稱的花朵，包括豆科植物與數以百計的蘭花（圖 4.15、4.16），這種兩側對稱性是毫無疑問的。

我用一種圖像疊加技術來估量花朵有多麼符合兩側對稱性。首先，在原來圖像中找出一條鉛直的中心軸線（圖 4.17），再把一半的圖像複製並水平翻轉疊到另一半的圖像上。為了清楚起見，翻轉的複製圖像用透明度約 50% 的黑白圖像呈現（圖 4.18）。所選的這一朵蘭花，圖像疊加的結果並不完美，但已經相當好了，足以看見它努力地朝向兩側對稱。

在自然界其他三個領域中亦不乏這種對稱性。此處提供些許例子，只是要說明這種對稱性是無所不在的。如果我們認真看待幾何學，而不僅是把它當作隨意玩物，那麼所有領域都應被視為是廣大脈絡的一部分。

4.2 礦物的兩側對稱

礦物世界中的晶體對稱性以及它們的性質與結構已廣為人

由上至下

圖 4.14　不對稱的葉子，但莖兩側的葉子互相對稱；圖 4.15-4.16　蘭花；圖 4.17　對稱的蘭花；圖 4.18　複製蘭花的左側、水平翻轉、以黑白顯示，疊加至另一側上

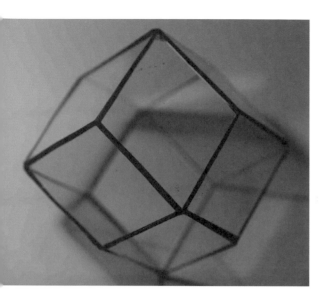

圖 4.19　玻璃製的菱形十二面
體（克莉斯特爾・波斯特）
圖 4.20　石榴石

知。今日的自然物理科學對於物質已經有很深入的認識，所以在這裡我只舉幾個例子。

　　一種近似晶體形狀的幾何形式是菱形十二面體。[1] 圖 4.19 是它的玻璃模型，而近似的晶體是石榴石，小小深紅色一塊，晶面是菱形（或很接近菱形）。圖 4.20 是我在澳洲一個內陸小鎮買的一塊小石榴石晶體，它展現了非常棒的兩側對稱性，這種晶體形式非常接近完美的菱形十二面體。

　　這種理想的形式有十二個面，每一個面形成具有特定比例的菱形；菱形是正方形的變形，對角線沒有等長。菱形十二面體的結構決定了菱形對角線長度的比是 $1:\sqrt{2}$，大約是 1:1.414（透過與立方體的關係求得）。

　　為了確定這個比率，我們可以從菱形十二面體的一個頂點的正上方看下去，可以看到它的四個面會剛好覆蓋一個立方體（圖 4.21）。如果立方體的稜邊長是 2 單位，則（由對稱性）在它上方的直角三角形的兩股長都會是 1 單位。因此，由畢氏定理（$a^2+b^2=c^2$）我們可以輕易地算出直角三角形的最長邊（斜邊）

---

1 原注：正十二面體是由十二個正五邊形組成的立體，有時候也稱為正五角十二面體。菱形十二面體是由十二個菱形組成的，是一種半正多面體，或稱為阿基米德立體；菱形有四個等長的邊，但不是正方形（撲克牌中的方塊就是菱形）。

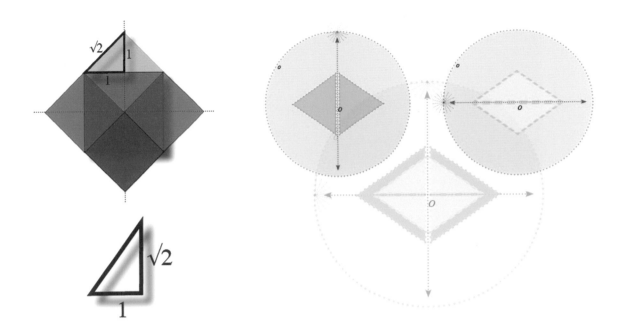

會是 $\sqrt{2}$，大約是 1.414。菱形的平行**邊會**和水平對角線成一個特定角度，這角 Θ（*theta*）可以從圖 4.22 算出來：$\Theta = \tan^{-1}\left(\frac{\sqrt{2}}{1}\right)$ = 54.7356°（大約是 54.7°）。

　　這種晶體和葉子具有類似的兩側對稱性，但有一個重要例外。這種礦物對稱於兩條對角線，也就是通過每個晶面的兩條對角線。這種礦物本身具有不只一個、相同形狀的這種對稱性形式。這樣的多重對稱性在植物界中很罕見，幾乎看不到，儘管有些花瓣數或莖的個數是四的倍數的植物具有雙重對稱性。

　　即使是簡單的菱形（石榴石亦然）也需要無窮遠處的元素，因為這個幾何圖形需要位在無窮遠處的直線上的兩個點，這兩個點與菱形中心的連線會互相垂直（圖 4.23）。

　　我用石榴石代表所有具有這樣規則晶面的晶體。黃鐵礦（圖 4.24）展現了一種矩形的雙重對稱性，矩形也是需要位在無窮遠處的直線上的兩個點來定義平行線。我們可以在圖 4.25 中看到，*A* 和 *C* 都在無窮遠處的直線 *l* 上，對角線的 *B* 和 *D* 也在直線 *l* 上。

　　在正長石中（圖 4.26），雙重對稱性是在空間中，而非只在平面上，儘管和植物葉子一樣有些許不精確。在這裡，我可以看

圖 4.24　黃鐵礦中的矩形

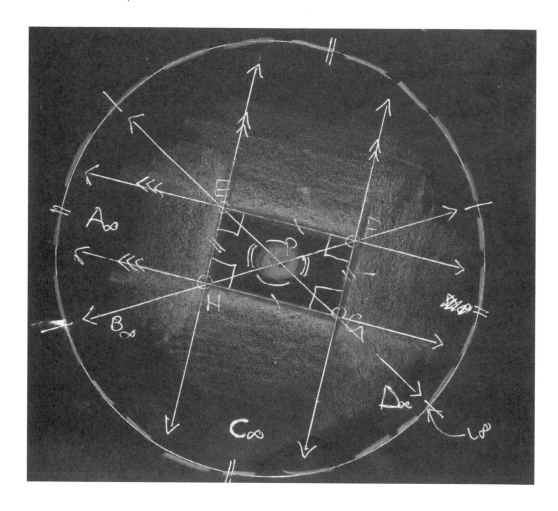

到一種追求完美的自然力量。雖然石榴石沒有達成精確的菱形，但至少它設法在兩個軸上保持平行。為了證實這一點，我拿了另一個石榴石（圖 4.27），這裡我們看到的是平行四邊形，就好像是石榴石在「追尋」菱形。

圖 4.25　矩形
圖 4.26　正長石
圖 4.27　晶面不是菱形的石榴石

4.3 動物和人類的兩側對稱

　　動物在某個方面也展現了強烈的兩側對稱性：從正面或背面看都是左右對稱的（儘管後者不應該被過度強調）。脊椎動物的基本結構是由一個鉛直的平面將左右兩側分開，但這並不適用於體內的器官排列，體內器官幾乎都是不對稱的。

　　動物的這種對稱性究竟有多精準呢？除非從一條大概估算出來的中心線或一個基準面做仔細的測量，否則不容易確定。之前用於蘭花的視覺方法，或許可以派上用場。這裡有幾個例子。我拍了一張叢尾袋貂（brush-tailed possum）的照片（我們家屋頂翻修時，牠被困在閣樓），照片要盡可能從正面的角度拍攝（圖4.28）。估計中間平面（從正面看是一條線），必要的話，旋轉照片讓中心線成為鉛直。以這條中心線為基準，水平翻轉180度（圖4.29），然後把它疊加到原來的圖像上並對準兩條中心線，翻轉的複製圖像用50%的透明度（圖4.30）。注意看看這兩個圖像非常吻合，你幾乎沒發現你正在看兩個圖像。

　　圖4.31至圖4.34是一些有趣的澳洲動物（陸龜除外）。另一張疊加的圖像是我們家之前的寵物蘇西，方法是一樣的。我只

圖4.28　叢尾袋貂顯示的兩側
對稱性（左右）
圖4.29　翻轉袋貂的圖像
圖4.30　疊加袋貂的圖像

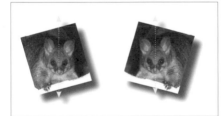

能說兩張圖像非常接近,除了蘇西一耳朝上、一耳朝下的特徵(圖4.35 和 4.36)。我還加入了澳洲原生動物無尾熊和袋鼠的圖片做為加強對比。雖然在明顯的兩側對稱形式中存在著一些不對稱,但從這些例子中看起來並不多。

　　要陳述這種顯而易見的結果挺麻煩的。我們的眼睛就可以看出這種明顯的兩側對稱性,幾乎不需要任何量測。如果有什麼歪了,我們一定會注意到,例如蘇西的耳朵。然而,檢查仍是必要

圖 4.31　食火雞
圖 4.32　鴨嘴獸
圖 4.33　針鼴
圖 4.34　陸龜

圖 4.35　臘腸犬蘇西
圖 4.36　圖像疊加的蘇西

的，因為我們認為理所當然或理所不然的，很可能都未經真正理
解。僅僅宣稱兩側對稱性就是如此，一點都沒有解釋到什麼是兩
側對稱性。這裡我想要做的是，把兩側對稱置於一個脈絡之中，
在這個脈絡中，我們對空間的理解是整體的，包含空間不可避免
的且內秉的無窮元素。這種形式，也就是結構，意味著一種幾何
元素是局部和在無窮遠處的特殊配置。這些幾何元素不只是理論
的附屬。不可見的總是伴隨著可見的，但在我們思維之中，我們
可以開始看到它。

圖 4.37　無尾熊
圖 4.38　圖像疊加的無尾熊

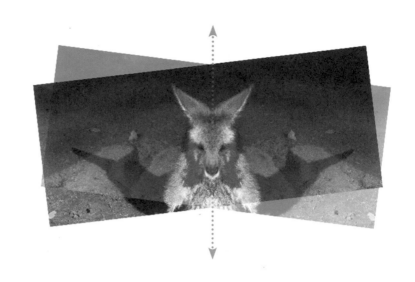

圖 4.39　圖像疊加的大袋鼠

　　人類無疑也是兩側對稱的，但除了明顯的對稱之外，還有別的。長相會受到個性的影響，這是長大、成熟的結果嗎？圖 4.40 是作者的照片。圖 4.41 中，原來的圖像被一分為二、水平翻轉，然後分別疊合在左右兩側形成兩張圖片。圖 4.41 中哪一個才是作者本人呢？當然都不是！他們看起來明顯地不同，不只是髮型而已。某種東西給了我們異於他人的獨特之處，我相信這會顯露在相貌的不對稱之中；而我們在動物界中看不到相同的情況。牠們的相異處必定出自不同的來源。

　　我們的獨特之處、我們的個性，是否就深植且顯露於我們從嚴格的幾何對稱性中所瞥見的這種不對稱特徵？

圖 4.40　作者以及中間的對稱軸
圖 4.41　兩個左半以及兩個右半
的作者

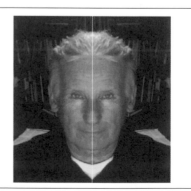

4.4 大自然中的旋轉對稱及其形式

　　這種對稱性出現在花瓣或萼片圍繞著一個中心且成等距的各種花裡。百香果的花具有兩個五角形對稱。這種對稱性是對應某一個點，也在某條線所的範圍之中；在此這條線是位在無窮遠處（圖 4.44）。我用虛線來表示位在無窮遠處的線 o。

　　用笛沙格作圖畫一個基本的圖形來理解旋轉，先從圖 4.44 開始，然後畫三條過點 O 的直線 x、y 和 z，在無窮遠處的線 o 上找三個點 X、Y 和 Z（如圖 4.45）。[2] 在直線 x、y 和 z 上作任意一個三角形 ABC（如圖 4.46）。現在這個三角形要變換到哪裡呢？三角形的頂點要轉到仍然在直線 x、y、z 上的 A'、B'、C'，只是頂點和直線的旋轉是根據無窮遠的線上 X、Y、Z 三個點的移動。在這個例子中，三角形是順時針旋轉的（當然，有兩個旋轉方向）。我們所看到的是一個物件（這裡是一個三角形）繞中心點 O 旋轉，這些步驟可以是任何相等的角度。

　　接下來這些對稱對我們來說是顯而易見的。例如，如果百合的六角形對稱突然變成八角形的、不對稱的或雜亂無規則的，我們一定會注意到！大自然中大部分的形式之美與構造都被我們視為理所當然，我們期待的對稱是像百合和玫瑰看起來的那樣。蘋果是五角形對稱。林奈分類法（Linnaean classification）不會告訴我們為什麼薔薇科和海膽都是五角形對稱。在這裡我試著要做

圖 4.42　百香果花顯示兩個五角形對稱
圖 4.43　蘋果核

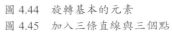

圖 4.44　旋轉基本的元素
圖 4.45　加入三條直線與三個點
圖 4.46　加入三角形

---

2 譯按：圖 4.45 中過點 O 的直線有六條，其中有三條顏色較淡，另三條顏色較深。由圖 4.46 及內文說明可知，顏色較淡的三條是一開始的直線 x、y、z，旋轉之後得到三條顏色較深的直線 x、y、z。

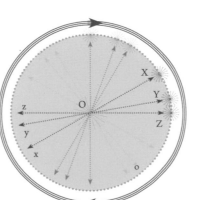

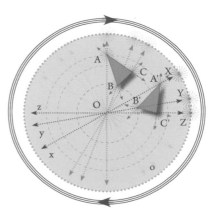

圖 4.47　茶花

的是，能否從宏觀的脈絡來看待這些結構，一種整體的、有結構的體系，而不是認為微觀的觀點可以解釋所有的事。

4.5 花形中的旋轉

　　許許多多的花形都展現出旋轉的模式。我們幾乎不需要去證實大自然中有這種旋轉對稱，因為它是如此明顯。更確切地說，是我們這麼以為。然而，花並沒有旋轉，我們看到的是一種合成的結果（兩種或多種作用的組合）。也許，花瓣的排列是斷斷續續的旋轉、週期性的展露、規律的出現與消退所造成的結果，甚至如果我們採用兩個位在無窮遠直線上的點往相反方向移動的觀念，圖 4.47 的花瓣就像是某種圍繞中心的五個節點駐波，我們所看到的是真實旋轉的位相（phase appearance）。事實上，我們正在說的是一種雙重旋轉，也就是說沿著位在無窮遠處的外圍，有兩個相反方向的旋轉，而我們實際上看到的，可以說是兩種旋轉位相展現的結果。

　　儘管如此，仍需要檢視一些例子來證實這種明顯的旋轉，尤其要找出是否隱藏著某種不對稱的旋轉。花形中任何些微不夠圓的地方，就會透露出這種不對稱性。這可能是難以察覺的，我把它留待未來進行。當花朵盛開時，各種來自環境的影響，從毛毛蟲到風暴、汽車廢氣和化學物，都會讓這個任務變得困難。

　　還有一點需要考量。在達到完全的花形之前，值得看看一個概念上的階段，如圖 4.48 所示。一般的情況是，每一片花瓣都沒有中心軸線，花瓣本身是不對稱的。特別的情況是，花瓣呈現兩側對稱，而整朵花呈現輻射對稱；有許多花形展現這種情況。

　　許多花朵都具有我們在一種花形像是在旋轉的茉莉（圖 4.49）上看到的對稱性，大概像是白藤花（Trachelsperman）或

圖 4.48　一般的旋轉作圖

茉莉花。為了檢查這些花瓣是否真的圍繞一個中心旋轉，我們可以在每一片花瓣上標示一系列的點，然後在繞著估計的中心旋轉後，看看它們相同的程度有多大。

　　首先，在選定的花朵照片上選一個中心點；盡可能接近中心的點，如圖 4.50。然後以這個中心點為圓心，畫一些參考用的同心圓。在花瓣上畫一個三角形，三角形的頂點分別在不同的同心圓上。既然有五片等間隔的花瓣，那麼旋轉的角度就是 72°（360/5）；每隔 72° 畫上這樣子的三角形，共五個。稍微旋轉調整圖片，使得五個三角形大致覆蓋花瓣。從圖 4.51 中我們可以看到，對於這個旋轉花形的茉莉花而言，雖然花瓣與三角形的對應關係並不精確，但足以顯示出一種對應關係。

　　另一個例子是某種長春花，看起來也有很明顯的旋轉。再一次，找出這朵花大概的中心點（圖 4.53），畫幾個參考用的點在一片花瓣上，以中心點為圓心，畫幾個通過這些點的圓（本例中是三個點，其中一個點在花朵中心的小小五邊形上，如圖 4.54）。把畫的圖形圍繞著中心旋轉，每次旋轉 72°（圖 4.55），這可以顯示花瓣實際間距與精確間距的差異。

　　　　實際間距與理想間距的「誤差」或差異，到底是什麼？我在每一片花瓣上選一個代表點，然後測量從基準線逆時針旋轉到該點的角度。如果我們只是把這些角度加起來，會得到 360；這除了可以告訴我們平均是多少外，別無其他。也就是 59 ＋ 76 ＋ 80 ＋ 74 ＋ 71 ＝ 360。但是，如果我們把這些數值平方後相加，求其平均的平方根，這就是給每一個數值不同的權重，所得到的平均數就可以反映與理想情況的變異：

$$59^2 + 76^2 + 80^2 + 74^2 + 71^2 \ = \ 26174$$
$$26174 \,/\, 5 \ = \ 5234$$

　　所以新的平均數就是 $\sqrt{5234}$ ＝72.3，雖然不是精確的 72°，已經相當接近了。（為了說明這是很重要的近似值，我們舉不同的數字來做個小小的試驗。令五個數字為 10、10、10、10、320，其和也是 360，平均是 72。把這五個數字平方相加得到 102800，接著求出 102800 / 5 = 20560 與 $\sqrt{20560}$ ＝143.4，最後這個數字和 72 差很多。）

圖 4.49　旋轉的茉莉花
圖 4.50　找出中心
圖 4.51　加入五個三角形

如果這裡的旋轉是千真萬確的，便證明了構成旋轉所需要的
就是圖 4.44 中的雙重性，也就是需要一個位在有機體正中間的中
心點 O，以及位在無窮遠處的外圍 o。沒有中心的 O 和無窮遠處
的 o 這兩個實體，概念的建構就不完整。換個說法，沒有宇宙，
長春花就是不完整的。

4.6 旋轉與兩側對稱的結合

在這裡，我們還可以再更往前一步。我們可以把不同的對稱
性結合在一起嗎？就旋轉對稱來說，答案是可以的，而且它常常
和兩側對稱相結合。在令人驚嘆的百香果花朵中，就同時出現這
兩種對稱性。事實上，這種情況頗為常見。另外一個實例是圖 4.57
中的花朵，它有五片花瓣，每片花瓣中都展現了兩側對稱性。

受到許多變幻無常的外在因素影響，我們無法指望在拍攝花

圖 4.52　長春花
圖 4.53　找出長春花的中心
圖 4.54　加入三角形的長春花
圖 4.55　長春花瓣與三角形的
吻合情形

圖 4.56　百香果花
圖 4.57　五片花瓣的花
圖 4.58　雛菊
圖 4.59　把 13 次旋轉的圖案疊
加在雛菊上

朵時，花瓣總是會呈現完美的幾何形狀。舉一種雛菊為例（圖
4.58）。在這個例子中，我只是把一個圖案重複 13 次地疊加在每
一片花瓣上，並且加以比較（圖 4.59）。從圖中我們可以輕易地
看出真實花形偏離了理想花形多少，不過仍然是旋轉 13 次的對
稱。最後，看看圖 4.60 的百香果果實，它的外型展現了明確的六
角形旋轉對稱。

　　這些例子中是否有雙重旋轉？是否（可以說）在無窮遠處的
直線上有雙向平衡的力量？旋轉對稱或兩側對稱是基本的形態
嗎？我們的探索似乎提出了更多的問題，而非解答。

4.7 大自然中的平移對稱

　　我們可能以為某個元素（或許又是一個三角形）在一條直線
路徑上簡單的重複，是很容易看得出來的。但對我來說，這是最
不明顯的；相較之下，呈現兩側對稱與旋轉對稱的構造還比較直
接了當。

　　平移對稱是礦物界中的基本對稱。其他的對稱性也是礦物結
構的一部分，但在我看來，礦物基本的形態就是全等性和重複
性。兩個相同元素的原子比鄰在一起，會有什麼不同嗎？礦物界
裡的結構特性有晶體的、剛性的、反覆出現的、線性、固定性、
矩形，而當代文化也顯露出這種鮮明而精確的規律性。看看城市
的天際線，幾乎每一個城市景觀都反映出對鉛直矗立的迷戀（如
圖 4.62），就好像許多鉛直晶體打造的花園一般（如圖 4.63）。
找找看，有沒有不屬於大自然的曲線！今日我們是不是有一種礦
物傾向的意識？從建築物來看，似乎是的。「垂直」真的是礦物
會「做」的事，但絕不只於此──雖然大部分的礦物形式並非都
是直角，但仍然有一個明確的規律。

圖 4.60　百香果
圖 4.61　高樓大廈中的直線性

圖 4.62　城市景觀

圖 4.63　某個晶體結構

圖 4.64　方解石
圖 4.65　石榴石
圖 4.66　石英
圖 4.67　黃鐵礦

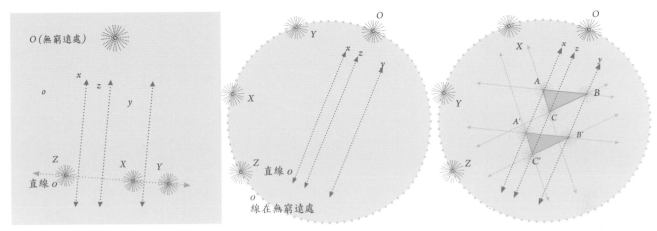

圖 4.68　兩側對稱
圖 4.69　平移對稱
圖 4.70　平移的三角形

比方說，我們可以在方解石、石榴石、石英、電氣石或黃鐵礦的變體中看到這種規律性。

許多晶體表面的線，是否代表反覆的堆疊，也就是一種特定形式的平移？在黃鐵礦中是矩形、在電氣石中是三角形、在石英中是六邊形？在真正的礦物中，不全然都是垂直的。

兩側對稱性需要一條直線 o、一個位在無窮遠處的點 O、三條交於無窮遠點 O 的直線 x、y、z（它們是平行的），還有直線 o 上的三個點 X、Y、Z（圖 4.68）。平移對稱性需要的更多，直線 o 必須也要移到無窮遠處（紙不夠大），我再次用虛線圓來表示移到無窮遠處的直線 o（圖 4.69）。

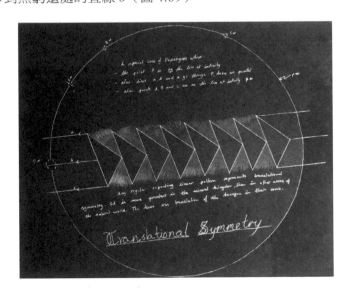

圖 4.71　平移（馬可）

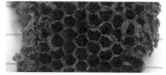

圖 4.72 位於澳洲墨爾本的天主教學院建築的窗戶
圖 4.73 澳洲原生種黃蜂的紙質蜂巢
圖 4.74 一隻魚身上具有六邊形鱗片的鑲嵌（或平移）

現在三角形 *ABC* 和三角形 *A'B'C'* 仍然在直線 *x*、*y*、*z* 上，只是沿著它們滑動，如同在鐵軌上一樣（圖 4.70）。*A* 沿著直線 *x* 移向 *A'*，（可以說）實際上就是繞著無窮遠處直線上的點 *X* 做旋轉，因為平行直線可以想成是繞著無窮遠處的交點做旋轉。這些作圖很容易畫出來，即使不是那麼容易理解。

我們可以在建築物上看到平移的例子，例如一間位於墨爾本的天主教學院的窗戶。我們也可以看到昆蟲界的例子：蜜蜂製作的六邊形蜂巢，還有大小約是一般蜜蜂蜂巢一半的黃蜂紙質蜂巢。在新南威爾斯的天頂海灘（Zenith Beach）發現的一條小魚，魚身上的鱗片趨向一種鑲嵌模式，六邊形鱗片覆滿魚身。

無數的工藝製品彰顯了這種平移對稱性。我們大多數人並不會想到，在這些工藝製品的結構中，不僅有個重複元素的中心，也有一條在無窮遠處的直線或外圍。

4.8 中心、外圍與兩種度量

如果我們真的要把幾何學運用在大自然裡，那麼我們應該盡可能充分地應用它，而不是僅為了描述方便，就以理想數學世界中的一些星星點點來妝點大自然。如果我們真的認真看待幾何學，就可以激起新的觀點來看待我們感官的真實世界。

挑一個物體，仔細看看它。它的中心或許很明顯，例如圖 4.75 的海膽。但中心真的在那裡嗎？充其量那只是一個抽象化的估計，而之所以要抽象化是因為我們覺得那是有用的。要估計**中心**，一定要考慮**外圍**（就幾何學來說，位在無窮遠處，如同海膽顯示的旋轉對稱性）。我們通常不會意識到外圍，卻相信我們真的看到中心。但那只是臆測的中心。所以或許我們應該要明白的是，從任一個中心點輻射出來的是許許多多的射線。海膽以五角形輻射對稱的形式呈現，這也成了它的特徵。

我們必須讓每一個中心都有一個對應的外圍，圍繞著我們位在無窮遠處的直線，就是外圍所在。但是如果我們只把它想成是虛構的，那麼中心也是虛構的，因為**兩者都是**幾何實體。沒有外圍的中心就只是一個不完整的概念。我們心中的幾何學家知道，除非把位在無窮遠處的直線納入考慮，不然我們有的只是半吊子的真理。

如果海膽真的是五角形輻射對稱的，那麼每一片之間的角度

就是 72°，而且每一片的邊界與過每一片中心的直線之夾角會是 36°。也就是說，角的大小要一樣。這就是用角來度量，至於是不是慣用的度（°）作為單位，一點也不重要。

那位在無窮遠處的直線又怎麼說呢？沿著它會發生什麼事？沿著這條直線可以有相等的距離，也就是有一種等距離的度量。相同大小的角必定意味著我們沿著這條直線會走過相等的距離，無論它有多遠。（第七章會有關於三種線性度量的更多討論。）

所以，我們有兩種本質上不一樣的度量，而且我們可以在同一個物體中用上這兩種度量。這也反映在基本幾何作圖的工具分度規（測量角的大小）與直尺（測量距離），度量單位則是我們習以為常的度與公分或公厘（或是吋與十分之一或十六分之一）。

4.9 兩種二維性

點和平面是兩種很不一樣的幾何元素。到目前為止，幾乎所有的幾何都展示在平面上，無論是紙、黑板、書或螢幕。我們通常認為這是「二維的」，毫無疑問！但如果我們認真看待所有幾何元素，真的就是這樣了嗎？那點呢？在一個點上，我們能夠擁有完整的幾何。

截至目前，平面上所有討論過的對稱性，在點上都有等價的性質；這是一定的，因為幾何學是一致沒有矛盾的。我們必須要做的，就是重視對偶或配極（詳見第二章末節）。然而，我並未企圖探究每一個性質，只是從大自然中舉一些例子。首先，這裡有個圖形同時展示了圓錐與圓，圓所在的平面 π 是由切線和切點建立的；圓錐上有的，在點 P 上也有以平面和直線構成的對應部分（圖 4.77）。這個圖全然是配極的（在三維中我用配極一詞，二維中用對偶一詞）。無論平面上有什麼樣的構造，在點上都會有等價的部分。

謹慎地取一個菌點，我們會看到它發展成有機體，以不可思議的規律性成長，進入我們的空間。我用來種植的種子是點狀的。人類的身體也是來自細胞生長成胚胎這偉大又神祕的過程。

大自然如何強調點這個面向？大自然裡有各式各樣的輻射，我們只要仔細瞧瞧貝殼就可以看到。圖 4.78 的鐘螺，圓錐頂點的角度大約是 60°。其他貝殼的圓錐頂點角度差異很大，寬窄都有，圖 4.79 是另外兩個例子。要畫出貝殼這種形式並不困難。

圖 4.75　海膽的中心
圖 4.76　中心與輻射

圖 4.77　圓錐與直線族之圓

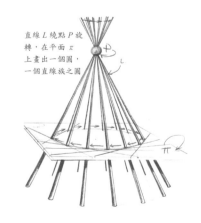

直線 L 繞點 P 旋轉，在平面 π 上畫出一個圓，一個直線族之圓

圖 4.78　鐘螺
圖 4.79　不同大小圓錐頂角的
貝殼

　　我們還可以更進一步。如果考慮螺線旋繞圓錐的方式，而且
假定圓形殼體生長的每一步都是沿著中心軸線，那麼就可以把生
長的形式描繪出來（圖 4.81）。在這個描繪的圖中，二維結構再
清楚不過，因為很明顯的平面和直線都通過一個頂點，螺旋依附
其上產生，實際上這讓螺旋變成三維的。

　　在植物世界中，我們看到許多似乎是以中心點向外輻射的例
子，例如我們都熟悉的蒲公英種子，而這種現象還會出現在許多
不同大小的植物上。圖 4.82 是一種大葉龍舌蘭，看起來像是一個
巨大的三維星星。圖 4.84 中的耀眼紅花呈現類似的形態，而且同

圖 4.80　在圓錐中的螺線
圖 4.81　手繪貝殼形式

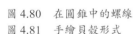

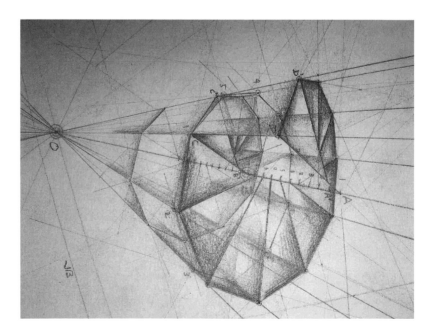

圖 4.82　大葉龍舌蘭
圖 4.83-4.84　像是從一個點輻射出來的花朵

樣近乎球形。

　　另一個簡單的作圖小練習，就是在點和平面上畫出配極圖形，這裡畫的是五邊形與五角星形（圖 4.85）。這顯示雖然在點上與在平面上是兩種不同的形式，但無論這兩種觀點多麼不一樣，它們仍然是密不可分的。

圖 4.85　五邊形與五角星形的配極圖

第五章　不對稱的旋轉

　　如我們在第二章看到的，假如基本幾何結構中的直線是位在無窮遠處，我們就得到平移和旋轉（參見 2.5、2.6 節）；假如直線是位於中央，我們就得到兩側對稱（參見 2.4 節）。但是有沒有一種情況是，中心點和外圍的直線兩者都在相對鄰近之處，從而導致一種不對稱的旋轉？

　　雖然我很好奇這種情況是否存在大自然之中，但我原本並不指望找得到。我第一次發現是在一輪扇形葉上（如 2.6 節所述），接著我一而再地看到，比如說在雪梨的植物園裡。圖 5.1 是我第一次看到的植物，圖 5.2 則是我居住當地的例子。這個帶有 10 片葉子的型態，在多大程度上真實反映出不對稱的幾何？雖然我只做了概略的分析，但結果足以令我滿意，確信其中必有意義。

5.1 不對稱的葉子

　　為了讓讀者理解我做的幾何分析，我將從頭開始示範作圖。

　　首先，選一點與一條水平直線（不通過所選的點）（如圖 5.3）。

　　過 P 點畫一條水平直線（如圖 5.4）。

　　現在從水平線開始，每隔 20°畫一條從 P 點輻射出來的直線（如圖 5.5），每一條輻射直線與一開始選定的水平直線交於一點，由左至右開始編號，其中 9 號交點將會在無窮遠處。

　　在過 P 點的任一條輻射直線上選一點 A，作直線 a 通過 A 點和 1 號點（如圖 5.6）。

　　再畫下一組點和直線：點 B 是直線 a 與下一條輻射直線的交點，作直線 b 連接 B 點和 2 號點。依此步驟繼續做下去，點和直線會開始有節奏似的交替出現，而且環繞在 P 點周圍（如圖 5.7）。

　　一條橢圓形的曲線出現了（如圖 5.8）。

圖 5.1-5.2　呈現不對稱旋轉的葉子

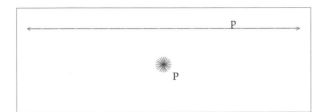

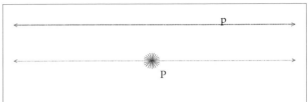

圖 5.3

圖 5.4

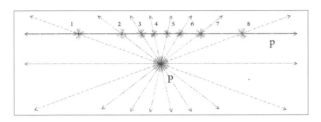

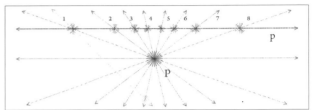

圖 5.5

圖 5.6

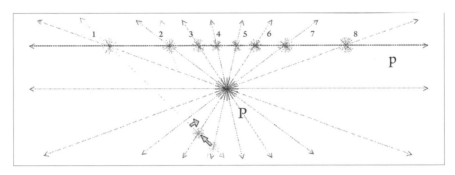

圖 5.7

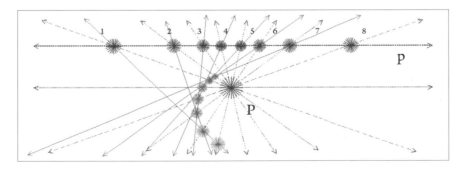

圖 5.8

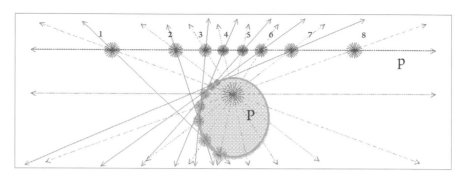

圖 5.9

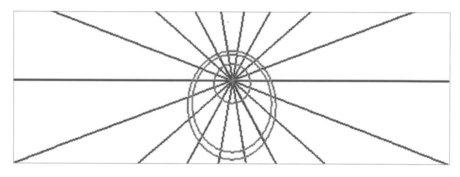

圖 5.10

圖 5.11

圖 5.12

可以畫出完整的曲線（如圖 5.9）。

現在把一些作圖痕跡略去（如圖 5.10）。

回到那一輪扇形葉，假設它的幾何結構是不對稱旋轉，則我們需要類似的作圖，不過要從真正的葉子開始。我選擇的是 10 片葉子的型態。

估計 10 片葉子所成形狀的長軸所在，沿著它作一條鉛直線。

估計 10 片葉子所成形狀的輻射點 P 的位置（如圖 5.11）。

在估計的中心直線（令為 a）上，找兩點 A 和 B，分別對應最遠的與最近的葉子尖端（如圖 5.12）。

現在有輻射中心點 P 及其兩側的 A 和 B 兩點，A、B 到 P 的距離並不相等。接下來要找一個點 C，使得 C 點和 P 點調和分割

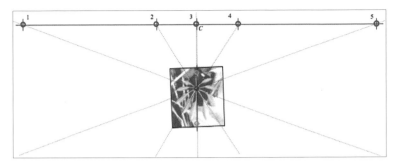

圖 5.14

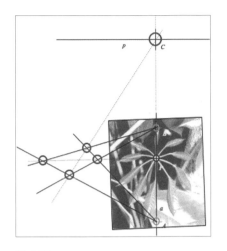

圖 5.13

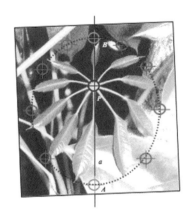

圖 5.16

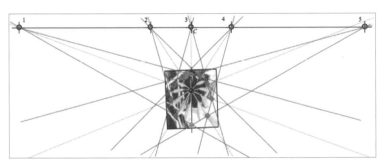

圖 5.15

AB 線段。[1] 過 A 點作任意兩條直線，過 P 點作一直線與過 A 點的兩條直線相交於兩點，分別作此兩交點與 B 點相連的直線。此時得到的圖形稱為調和四邊形。作調和四邊形的另外一條對角線，延長交直線 a 於一點，此點就是要找的 C 點（如圖 5.13）。

　　C 點也恰好會位在外圍的直線 p 上，直線 p 會垂直直線 a，我們需要它，把它畫出來。注意到，這條外圍直線並不在無窮遠處。

　　找到核心架構的估計圖形後，我們現在可以試著把它和不對稱旋轉的葉子關聯起來。從輻射中心點沿著莖並通過葉片作直

---

1 譯按：即滿足 $((\overline{AC})/(\overline{BC}))/((\overline{AP})/(\overline{BP})) = -1$，此處 $(\overline{AC})$ 代表從 A 到 C 的有向線段，$(AC) = -(\overline{CA})$，其餘類推。

圖 5.17　杜鵑花
圖 5.18　加上橢圓形的杜鵑花
圖 5.19　找出調和分割點的作圖

線與直線 p 相交。有 10 片葉子，假定它們平均分布於輻射中心點四周，則相鄰兩片葉子所夾的角度會是 36°（360/10）（如圖 5.14）。

利用這個等角度的假定，我們可以從直線 p 上的點作切線（一種環繞測度）環繞這 10 片葉子呈現的外形（如圖 5.15）。由於假定是不對稱的旋轉，這些切線會以橢圓的形式圍繞整個外形。

圖 5.16 中顯示了假定的圍繞整個外形的橢圓。我相信這已足夠吻合了。這在某種程度上證實了一個想法，就是不對稱旋轉會出現在植物之中。

請注意，這個構造中有一條在地的（local）線作為「外圍」，也有一個在地的「中心」。

5.2 不對稱的花

通常我們都把花的形式想成是端正勻稱的圓形，但我注意到有一種花看起來似乎不是純粹的旋轉。當然，可能有很多這樣的花。倒是朋友花園中的杜鵑花讓我印象深刻，因為它看起來不是很圓，所以我決定加以檢視（圖 5.17）。

每一片花瓣是不是兩側對稱的？整朵花是不是兩側對稱且旋轉對稱？為什麼我會有所懷疑呢？因為我注意到最上方那片花瓣，看起來似乎比其他的花瓣還要寬一些些。另外一個線索是花瓣周圍的顏色變化，最上方的花瓣顏色較深，而且帶有在其他四片花瓣上看不到的斑點。

若是純粹的旋轉，可以畫一個圓通過花瓣的尖端——這裡應該只能假定是個橢圓，儘管有一點點偏離中心。我在圖像中畫了一個估計的橢圓，因為我覺得利用這個大小的橢圓比較有機會近似花瓣周圍所成的形式。

　　估計中心點 A' 及一條縱軸的位置。
　　估計一個通過花瓣尖端的橢圓（我使用電腦繪圖），橢圓最上方的點 O 與最下方的點 X 都必須位在選定的縱軸上（如圖 5.18）。
　　現在要找出調和點 A，使得 A 點和 A' 點調和分割 OX 線段，最好在大一點的紙上做（如圖 5.19）。在這裡，交點 A 跑到紙

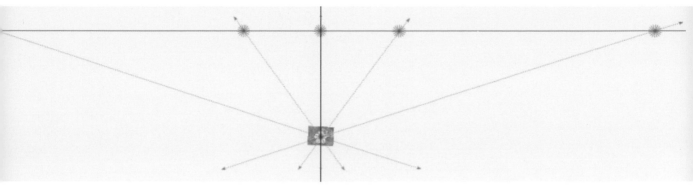

圖 5.20　找出環繞測度上的點

張之外了，因此我們只好利用所畫調和四邊形的交比性質，計算出 A 點的位置。$XA' = 83.7$mm，$A'O = 73.7$mm，且交比 $R = -1$，藉由計算求得 A 點到中心點 A' 的距離為 $1160 + 73.7 = 1233.7$mm（參見下框內的計算過程）。

　　決定整個形狀的外部直線（極線 a）會通過 A 點，且和（幾乎是）鉛直的縱軸垂直。

　　下一步是檢查花瓣間的角度。如果是純粹的旋轉，那麼任兩片花瓣間的夾角應該會是 72°（360/5），表示這是一種環繞測度或是不對稱的旋轉。就這個圖來說，要畫得更大許多，才能讓通過 A 點的極線 a 足夠長到畫出環繞測度所需要的五個交點。畫出來會像是圖 5.20 那樣。

利用交比找出調和點 A

令交比 $R = -1$ 且 $x = OA$

（譯按：此處的 OA 表示有向線段，定義向上為正，向下為負，故 $-x = AO$）

從圖上量得：

$$XA' \;=\; 83.7 \text{ mm}$$

$$A'O \;=\; 73.7 \text{ mm（譯按：}OA' = -73.7\text{mm）}$$

由交比 $R = -1$ 得

$$R \;=\; (XA \,/\, OA) \,/\, (XA' \,/\, A'O)$$

$$-1 \;=\; (XA \,/\, OA) \,/\, (XA' \,/\, A'O)$$

$$-1 \;=\; ((83.7 + 73.7 + x) \,/\, x) \times (73.7 \,/\, 83.7)$$

$$-1 \ = \ ((157.4 + x) \,/\, x) \times 0.8805$$

$$-x \ = \ (157.4 + x) \times 0.8805$$

$$1.1357x \ = \ 157.4 + x$$

$$0.1357x \ = \ 157.4$$

$$x \ = \ 157.4 \,/\, 0.1357$$

$$x \ = \ 1160$$

O 到 A 的距離 x 就是 1160mm

這就是從平面觀點得到整朵杜鵑花的結構，顯示幾何元素決定了五片花瓣所成的輪廓。

5.3 浩瀚宇宙

顯然存在這朵花裡的幾何架構是相當巨大的。我認為這個幾何架構就和花瓣一樣，都是植物的一部分。如果數學的確適用於物理現象，而且在物理學的許多領域中都被視為理所當然的，那麼為什麼在這裡會不適用呢？甚至還可以問，存在這朵小花裡的，是不是某種場域結構（field structure），一種普遍存在於整個空間的型態場（a morphological field）？

我們是否有理由認為，植物的形式，從形成性的觀點來看，是寓居在一個比人們想像的還要大得多的空間中？我相信是的。也許這些場域甚至是可以被精確設置的（accurately configured）。我從史泰納的作品中找到支持的理由，它是這麼說的：「在植物中發生的一切，都是浩瀚宇宙的影響結果。」（《業力關係》（Karmic Relationships）第一冊第 14 頁。）至少從幾何形成性的觀點來看，這對我來說是成立的。

第六章　直線的方向

任意的幾何元素都有方向嗎？如果有，如何定出方向？這樣的定向規則彼此獨立嗎？在任意的位置都一樣有效嗎？很明顯地，一個點無法有一個特定的方向，但是直線能夠指向某處：它們是有方向的。[1]

6.1 礦物領域

在礦物的結晶體中，結晶體的增長看起來好像完全沒有特定方向。它們自身通常都是高度結構化的，但是在一大塊的結晶體中，增長方向似乎是隨機的，不過也有些例外：某些玄武岩柱的構造，像是北愛爾蘭巨人堤道、蘇格蘭斯塔法島的芬加爾洞穴（Fingal's Cave）或是在塔斯馬尼亞外島的塔斯曼島，這些構造呈現出一種垂直性，一般認為與地心有關。

然而，從不那麼嚴格與方向有關的層面來看，我們可以把它們的晶體結構規則視為是內部的中心點與最外圍的邊緣之間的形式。每一條直線（或軸）都位在晶體中心與無窮遠處的球面之間。這個無窮遠處的球面圍繞著我們，這些線會射向任意的方向。平行線會在無窮遠處的平面相交。譬如，一個立方體的三組平行線會交於無窮遠處的同一平面，因此這個立方體（或任意結晶體）的中心點會有一個對應點位在無窮遠處的平面上。[2]

方向在此並不是重點。一個直交稜柱家族（例如黃鐵礦）儘管有完全不同的幾何中心，就其幾何性質而言，在無窮遠處會有同一個平面。每一個晶體塊的邊緣，亦即直交的稜柱，皆指向不同的方向，但所有這些邊緣的消逝點最後都位於相同的平面上，即無窮遠處的平面或絕對平面。

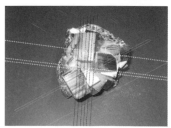

---

1 審按：此處「方向」或「定向」皆譯自 orientation，原義是「賦向」，賦予方向的意思。
2 譯按：在結晶學中，每個晶面在三維空間中的位置，可以用它們在一個立體球面坐標網上的投影點來表示。

圖 6.1　顯示任意方向的結晶體
圖 6.2　黃鐵礦，以及相交在無窮遠處平面的平行線

　　儘管如此，在沉寂的礦物世界中，經常會出現一種層次感，亦即一個水平的平面。這種層次感在大氣中的雲層、平靜無波的水面，當然還有地平線上都可以看到。我們也經常在千年之前就已形成的地層結構中看到水平分層。許多道路或鐵路間明顯可見平整的石切面，也許若材質更可塑形的話，會出現些許的起伏。

圖 6.3　雲層
圖 6.4　從雪梨往東望向塔斯曼海的地平線
圖 6.5　新南威爾斯的藍山：相對於平整的高原，有非常深且崎嶇的山谷

6.2 植物界

在「空間」的抽象化延拓中，沒有什麼東西指向特定的方向，但當我們環視我們熟悉的這個世界，這一點顯然是錯誤的。想想太陽與地球，以及它們中心之間的連線。（這條線是兩個重心間的引力線，也是許多天文計算中假設的線。）植物界可是很認真地看待這條線。有些植物的生長向著陽光，有些則是朝向地心生長。如果要描述植物一般的生長模式，就是往上與往下生長。

這種賦向就是哥德所謂的原型植物（archetypal plant）的基本。[3] 在古老森林裡存在一些讓人驚奇的事物。（這樣的森林裡會有偉大的物種嗎？托爾金的樹人世界是那麼讓人難以置信嗎？）[4]

想像一下世界上的所有植物，我們會看到許多通常與地球表面垂直的樹幹、莖梗，以及各種直線條。這種垂直的方向對植物而言相當重要，是它們的天性。

植物是土地和光的產物：一邊努力朝向地心生長；一邊竭力迎向太陽射出的光線。我們可以將環繞地球的植物界想像成類似

圖 6.6　這些樹木展現出植物垂直的傾向

圖 6.7　有一根樹枝從班克木的樹幹垂直地長出來

圖 6.8　長在矛狀莖幹上的草樹種子穗，以花園的欄杆為背景，呈現出垂直性

圖 6.9　新南威爾斯的無花果樹鬚根

圖 6.10　這棵受傷過的樹旋轉枝幹朝向上方的光源，展現出堅決的向光性

---

3 譯按：歌德（Johann Wolfgang von Geothe, 1749-1832），德國文學家與自然科學家，在其《植物變形記》（*The Metamorphosis of Plants*）書中有句名言：「一切都是葉子。」

4 譯按：托爾金（John Ronald Reuel Tolkien, 1892-1973），以奇幻作品《魔戒》聞名。在他創作的奇幻世界中土裡，有一群長得跟樹很相似的樹人種族（ents）。

圖 6.11　澳洲雪梨的一個小海
灣，在潮水中的紅樹的根

我們的頭髮，堅硬的地表有點像我們的頭骨。即使在很小的規模
上，這種垂直的趨勢也主導著一切，好比枝枒直挺地破土而出（圖
6.7）。這個生長基座並沒有阻礙枝幹快速找到垂直的方向，即便
它的頭狀花序也能完美地垂直地面，與自身的枝幹平行。

　　另一種樣貌展現在澳洲東海岸的巨大無花果樹叢間。它們有
鬚根，這些鬚根從相當高的樹枝上往下生長，逐漸成形，看起來
就像一大群的支柱。

　　有些紅樹（mangroves）[5]會有許多的根同時向上與向下生長。
當沼澤阻礙根部呼吸時，這些根需要空氣而必須向上生長。

───────────────

5 譯按：紅樹，一種生長在水邊的熱帶喬木。

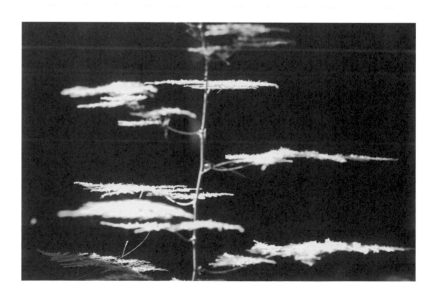

圖 6.12　文竹，一種野草，顯
現出水平傾向

　　儘管植物界的主要定向是垂直的，在某些植物身上我們也能看到水平方向。舉例來說，有一種澳洲野草的葉子會以水平的方向，從莖幹向外生長；或是大雪松的葉子也顯現出這種特徵。但

圖6.13　印度瑞詩斯（Rishikesh）的松樹，樹枝從主要的垂直樹幹分枝出去

圖6.14　真菌類植物，通常一層層地長在枯死或快枯死的樹木表層。圖片攝於雪梨的舊史奧克保留區（Old She Oak Reserve）

圖6.15　智利南洋杉，有些樹枝在到達樹冠層時，會擴散成一系列的平行平面
圖6.16　在苗圃裡，從一株年幼檀木屬的赤楊上方往下看的樣子

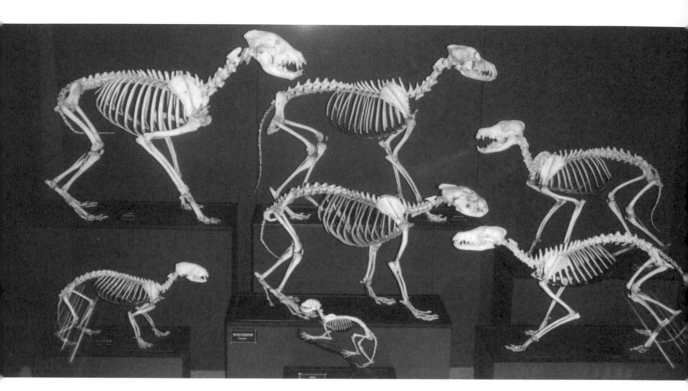

相較於主要的垂直性,這種水平性還是居次。

　　從上往下看,植物通常展現出一種對中心鉛直軸的旋轉對稱性,我們會看到整棵植物似乎是圍繞著某一個點或中心。

6.3 動物界

　　來到動物界,我們會發現主要的賦向是水平的。你可以說難

圖 6.17　雪梨澳洲博物館裡陳
列的一些哺乳類動物的骨架
圖 6.18　針鼴,一種澳洲多刺
食蟻獸
圖 6.19　犀牛

怪魚兒是水平賦向的，因為牠需要浮游。儘管如此，在大部分動物身上還是水平性當道。大多數的哺乳動物靠著四個爪子漫步或快跑，而且牠們的移動大部分是在水平的平面上。我猜想姿勢跟移動與知覺的潛能有很大關係，畢竟一個生物體要能移動，必須先知道牠要往哪裡去。

　　因此，在很大程度上，整個動物界的主宰是水平性。從一隻動物的側面看過去，脊椎沿著一個水平線上下擺動，臀部往下一點，背部拱起來，肩膀向下一點，頭部上揚，口鼻朝下一點，或是有時反過來，帶有一種律動感。然而，從上方看到的，就是直直的脊椎。

　　新南威爾斯有個好例子，就是溫和的、卵生的多刺食蟻獸：針鼴（echidna）。從牠的上方看，會看到一條很明顯的縱向直線，

圖 6.20　羚羊
圖 6.21　黑猩猩正常行動時，沒有偏離水平方向太多
圖 6.22　袋鼠如站立般的姿勢，即使如此，牠也是更接近水平而不是垂直

以及這條直線兩側的對稱平衡性（一種鏡射）。（圖6.18）即使只是一條直線，我認為這張「行動中的幾何學」照片還是別具意義，因為它關係著整個自然界，是自然界的特徵與基礎架構中的一個重要組成部分。

即使是黑猩猩在做一些正常的運動，像是在動物園裡行走時，牠的脊柱與水平線的夾角也不是很大（圖6.21）。牠就像是以水平姿態在行進，只不過有微幅的鉛直移動（約10°）。

6.4 挺直的地球主人

人類顯示出一種垂直的傾向，這一點與動物不同。筆直而挺立是人類的基本姿態。從側面看去，人類的脊椎循著鉛直方向前後擺動，而動物則是水平方向擺動。然而，如果從脊椎的前面（或背面）看過去的話，脊椎就像是人類身體中的一條直線。

人類的這種垂直性就像植物界的特徵一樣。然而，兩者可能是互為反演（inversion）嗎？關於這點的一個線索，就是人類的

圖6.23　伊特拉斯坎時期塑像的複製品，塑像中的直線幾乎沒有被打斷，除了兩個重要部位，但是這並未減損原本的直立性

圖6.24　賈克梅蒂的「站立的女人 III」（Grande Femme III）

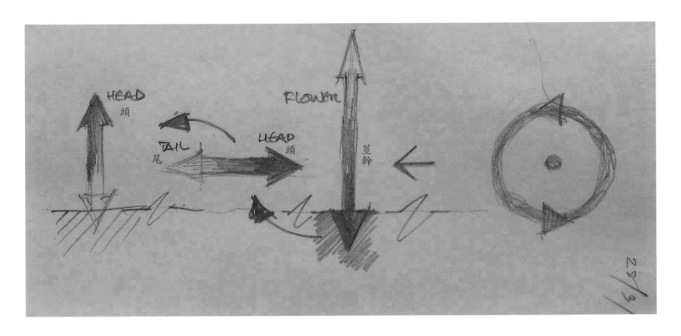

生殖器官是「朝下」，位在腰部以下；而植物的生殖組織則「朝上」。

圖 6.25　從礦物到人類的賦向（由右至左）

有趣的是，藝術家們清楚看出這種垂直性且一再加以表現。從兩千年以前的伊特拉斯坎時期（Etruscan）的塑像，到近代賈克梅蒂（Giacometti）的雕塑作品。或許這種垂直性表現出一種新興的個體性的某種特徵。

6.5 結語

觀察各種領域的不同賦向時，看起來像是在討論顯而易見的東西。雖然我們視其為理所當然，但我真的相信那是有意義的。

人類直直的站立著，同時朝上與朝下。我們抬頭仰望天空時，雙腳牢牢踏在地上。我們的心靈意識努力朝向著光，而我們作為地球生物則穩穩地站在地面上。

動物具有水平性，朝前移動。牠們的世界基本上平行於地表。這就是物種的世界，各物種皆有其適應環境的特化。這一點跟人類相當不同，人類沒有這樣的特化，也不侷限於某一種特殊環境。

植物具有垂直性，一種跟人類完全不同的直立天性。根部會朝地，結果實的部位則向上。

礦物界還是個謎。礦物的賦向是什麼？我們在一些層狀結構

中看到了水平傾向，但是結晶體這種礦物領域中的典型表徵卻非單一方向，它往各個方向增長。我們只能姑且主張平行直線會在無窮遠處的平面相交。我們能將礦物的方向視為是從局部的點延伸到無窮遠處的外圍嗎？

　　從礦物到人類的序列顯現出一種基進的再定向。人類的直立站姿是一開始就如此嗎？在《人類和其他靈長類的發展動力學》（簡稱《發展動力學》）（Developmental Dynamics in Humans and Other Primates）一書中，作者維呂勒認為這一點是有可能的，每一個物種都是另一物種的轉型，即使是生物分界之間相當基進的一種轉型。圖 6.26 顯示維呂勒提出的反映演化的人類胚胎發展，旁邊的支系發展成動物，遠離人類一脈相承的主線。在這些生物界中，是否有個緩慢且不斷被揭露的真相？這個問題引出很多可能性，在此不做定論。

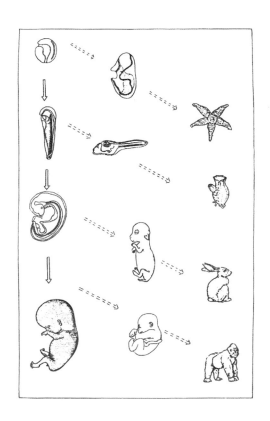

圖 6.26　反映演化的人類胚胎發展，以及其旁系（維呂勒，《發展動力學》，第 341 頁）

第七章　直線的測度

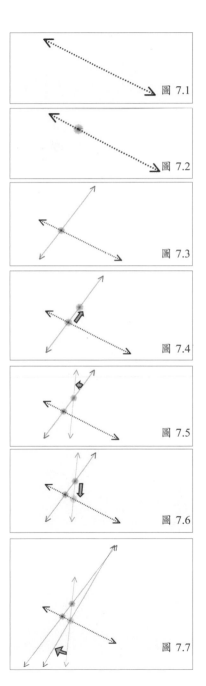

圖 7.1

圖 7.2

圖 7.3

圖 7.4

圖 7.5

圖 7.6

圖 7.7

7.1 直線上的變換

　　直線是幾何世界的核心元素。如同我們稍早所見，每一條直線包含無窮多個點，以及有無窮多個平面包含此線。在前面提到的笛沙格三角形定理，我們看到了一個三角形能被投射到另一個三角形；我們也能將一條直線投射成另一條直線。然而，我們能將此直線投射到它自身嗎？然後會有什麼改變呢？直線本身還是一樣，但在它之中的點與包含直線的平面會發生變換。

　　我們來看看這麼做，直線上的點會如何：它們全都變換成另一個點，除了兩個點之外。這兩個點只是變換成它們自身，保持一種不動的狀態，可以稱之為固定點（invariant point）。經由下面幾個變換步驟，我們可以找到這些固定點（圖 7.1 至 7.11）。

　　畫一條直線（圖 7.1），任選此線上的一點（圖 7.2，黑點），然後過此點任作一直線（圖 7.3，紅線），接著在紅線上任選一點（圖 7.4，紅點），讓黑點平移成紅點。

　　將紅線旋轉一個角度（圖 7.5，綠線），綠線在不同位置將原黑色直線分割成兩部分，在原本的直線中得到一個新的點（圖 7.6，綠點）。我們可以將此點看成是紅點平移到黑線上的點。

　　因此，原本的黑點就轉換成了這條直線上的綠點。在這個過程中，我們作了平移、旋轉，然後再平移一次。現在以（新的）綠線以綠點為旋轉中心，任意地旋轉變換成另一條線（圖 7.7，第二條紅線），這兩條紅線會交於一點（圖 7.8，藍點）。這個點相當重要，因為所有的紅點都要以它為中心旋轉。

　　我們現在要在已有的綠線上選擇第二個點，讓稍後的所有綠線皆可以它為中心旋轉。為了方便起見，選擇比較容易作圖的位置。接著，以第二個藍點為中心旋轉第一條綠線，變成第二條綠線（圖 7.9，第二個藍點與第二條綠線），這樣就作出在原本黑

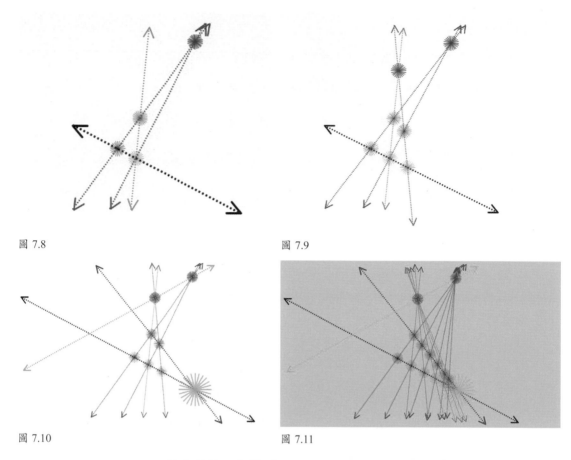

圖 7.8

圖 7.9

圖 7.10

圖 7.11

線上的第二個綠點。

　　到此為止，我們可以選擇任意點或任意旋轉角度。但選擇了第二個藍點之後，所有的東西就已經被決定了。

　　雖然可能看起來還不太像，然而在作圖的過程中已經顯示出兩個固定點的位置了。這兩個點經由與黑線的交點而決定：第一個點為其與藍線（通過二個紅點）的交點；第二個點為其與連接兩個藍點之橘線的交點（圖 7.10）。如果繼續作出綠點，它們會趨近於橘點，每次會愈來愈接近，但是永遠不會碰到橘點，那些紅點也是如此（圖 7.11）。在最初黑點的另一側以同樣的步驟進行（趨近於橘線），這些點會趨近於它，但是永遠不會到達它。不過必須注意性質上的不同：一個固定點經由兩線的交點而產生；另一個固定點則由連接兩點而產生——典型的對偶理論（dualism）。

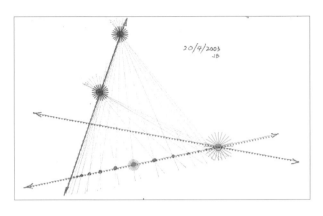

7.2 成長測度

　　在直線上的這一系列的點很容易畫出來。相較於上述錯綜複雜的過程所造出的點，我們可以簡單地畫出起始直線，選擇（橘）點與（橘）線，接著選擇兩條（藍）線（通過橘點）與兩個（藍）點（在橘線上）。現在選擇任意的一個起始點（綠色）與一條藍線，將點與兩個藍點分別連線。依序做下去（圖 7.12）。

　　藉由在通過藍點而成的藍線間來回穿梭，生成一序列基線上的綠點，這個序列有時被稱為**成長測度**（growth measure）。在一些較專業的書裡，稱此為**雙曲測度**（hyperbolic measure）。

　　我們只畫出在橘點與橘線之間的點，但是這個序列在這兩者之外也會繼續，因為直線是一個連續的整體。這些點如同那些內點一樣，被精準的做出來（圖 7.13）。除了兩個固定點，整條直線就是動點的單一序列。另外，兩個藍點中任一點皆有以它們自己的角度反映成長測度的直線束。因此，在這個基本變換的作圖中，有四個測度：兩個屬於點，兩條屬於線。

　　多年以前，我曾經好奇這些模式是否與竹子莖幹上的竹節類似。後來我觀察了許多植物，它們的節點之間的距離與整個莖幹相比，可能長些，也可能短些。某些植物的節點會緊靠在一起（像

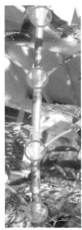

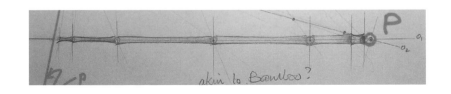

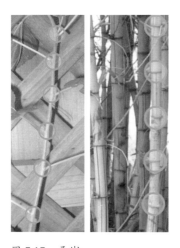

圖 7.17 桑樹
圖 7.18 竹子
圖 7.19 棕櫚樹的節點與節點
之間距離增加
圖 7.20 竹子節點間的空間變大

圖 7.21 木麻黃的節點
圖 7.22 油橄欖

是木麻黃灌木），某些植物的節點會分得非常開（某些禾草科植物）。

　　有趣的是（從幾何觀點來看）在朝向莖幹根部的地方，或有時僅是朝向分枝靠近主幹的根部，節點間的空間通常會縮減。我們在棕櫚樹和竹子中見到了這樣的情形（圖 7.19 與 7.20）；在某些例子裡，在莖幹或分枝的上端，節點也會靠得更近一些。舉例來說，如果你仔細看木麻黃纖細的「葉子」（圖 7.21），或是油橄欖莖（圖 7.22），沿著莖梗往上看，節點（伴隨著一對樹葉）明顯會靠得更近一些。這種傾向的一個有力例證，就是竹筍（bamboo shoot）的成長點（圖 7.23）。[1] 我們看到節點愈來愈靠近，看起來就像沒有終點一樣，幾乎就像朝著無窮遠的一個點逼

1 譯按：竹筍是指幼莖桿的幼嫩生長部分，還沒完全從地底下長出來，以及剛出土仍未木質化的部分。

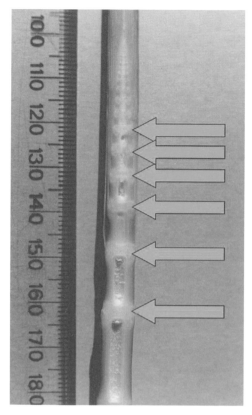

近！

　　這些例子指出某些植物的節點生長律動，似乎反映了成長測度。通常在莖幹的兩個端點附近，節點會愈來愈靠近；在中間的部分，節點間的距離會比較大。儘管我們沒有去分析這些節點是否真的是成長測度，然而它們看起來具有成長測度的性質。而上述竹筍的例子，帶出一個問題：這個活生生的成長點是否像一個固定點？

　　幾何性質要求在這兩個固定點之外，要有更多的點或節點序列。我們能找到什麼可以反映這個性質？在地表下，也許在根的結構上，會有某些規律變化的線索，但是這一點在研究上有些困難，我未進行。然而，我確實注意到竹子的一些奇妙細節。根的天性似乎偷偷的潛入到葉莖中：彷彿根部一樣想要破土而出，不過繼續向上探究，這樣的傾向表現就逐漸降低（圖 7.24）。

　　莖的另一端，在光線之下，是花朵與果實的主場，有某種相

圖 7.23　竹子的成長點
圖 7.24　竹筍較低的節點展示了某種根的天性
圖 7.25　夾竹桃花朵上的顏色看起來像漸漸朝下滲入莖部

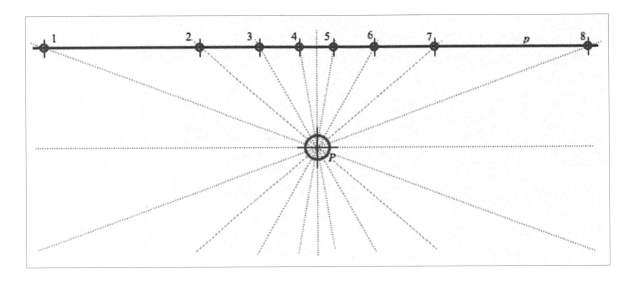

圖 7.26 環繞測度中的點

圖 7.27 包含同一直線的一疊平面

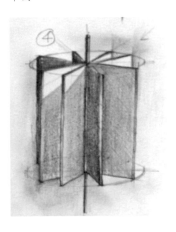

當不一樣的性質運作著。就像根部一樣，花朵與果實的天性（譬如顏色上的天性）是否以任何形式向下侵入葉或莖的天性？即使只是以律動的方式？這個傾向有一個例子，就是夾竹桃的花朵與它鄰近的莖（圖 7.25）。

7.3 環繞測度與階段測度

成長測度不是直線上點的唯一測度，還有其他兩種測度：階段測度（step measure）（正式名稱為拋物測度〔parabolic measure〕）與環繞測度（circling measure）（或橢圓測度〔elliptic measure〕）。在第五章，我們在建構非對稱性的旋轉時運用了環繞測度。在此處，過一點的直線束皆會與一直線相交，這些交點以一種有序且和諧的形式在此直線上行進（圖 7.26）。這些點不會不動，因此沒有固定點。

階段測度或拋物測度，在稍後的第 10.3 節會再論述。階段測度是一種特例，此時兩個固定點會收斂成一個雙重點（double point），且點與點之間的區間在經過射影變換之後可變得等長。

所以在任一直線上，皆可有三種測度：

成長測度（或雙曲測度），有兩個固定點。

階段測度（或拋物測度），兩個固定點收斂成一個雙重點。

環繞測度（或橢圓測度），這兩個點不會固定不動。

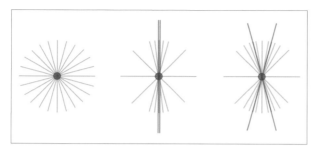

圖 7.28　由左至右：一條直線
上關於平面的環繞測度、階段
測度與成長測度
圖 7.29　平面的運行方向

7.4 包含一直線的平面

　　如同一條直線上有三種關於點的測度，在這樣的直線上也有三種關於平面的測度。在一直線上，我們必須想像有一疊或像風扇般的平面（圖 7.27），當然每個平面可以無限延伸。也就是說，這些平面中的任一個，旋轉時會掃過整個空間範圍。

　　我們能夠藉由從直線的一端觀察，概略地呈現平面的三種測度，此時直線看起來就像一個點。在圖 7.28 中，左手邊的圖顯示出在環繞測度中一疊（或風扇般）平面的旋轉，每個平面都在動，沒有固定平面；中間的圖顯示出一種階段測度，其中有一個雙重的固定平面；右邊的圖顯示出一種平面的成長測度，其中有兩個固定平面。圖 7.29 展示了關於核心直線的運動，黑色的線代表固定平面。顯然旋轉的方向可以相反。

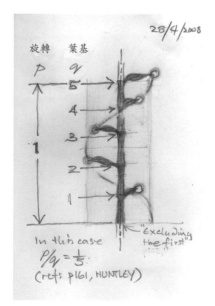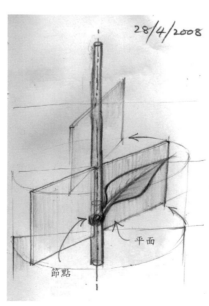

圖 7.30　葉序（參考亨特利
的著作所畫）
圖 7.31　植物的莖與葉（或
分枝）

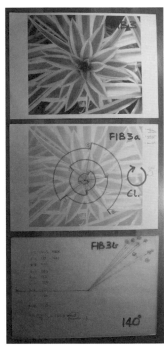

圖 7.32 至 7.34　在許多不同種
類的植物上，測量與計算葉子
從莖幹生長的角度，發現這三
種植物的成長角度都接近黃金
角度 φ，亦即約 137.50

圖 7.32　　　　　　　　　　　　　　　　　　　圖 7.33

　　在植物的各種形式中，我們可以找到關於這點的蛛絲馬跡。
在莖梗上像是有一種平面的環繞測度；從莖部延伸出去的分枝或
樹葉，以一種有序的模式繞著它旋轉。我個人相當喜愛亨特利
（H.E. Huntley）的《神聖比例》（*The Divine Proportion*）一書，
書中有一張圖表描繪了這種旋轉順序；圖 7.30 是我重新繪製。順
著莖幹而上，亨特利描繪了葉基的數目，在一開始的那片葉子之
上，經過螺旋繞轉的圈數 p（不算第一片），到達相同角度的那
片葉子的數目 q，以分數 $\frac{p}{q}$ 表示，這個 $\frac{p}{q}$ 值就是此種植物的特徵，
而且 q 會傾向於是個斐波納契數（Fibonacci number）。這種葉
子螺旋迴轉的排列被稱為**葉序**（*phyllotaxis*），雖然在大部分的
植物學教科書中沒有太多論述，然而它是植物形式的基礎，也曾
在其他幾本書中被提及，特別是二十世紀早期的幾位作者，像是
湯普森爵士、庫克爵士（Sir Andreas Cook）、山繆・葛曼（Samuel
Colman）與崔爾西（A. H. Charch）。

　　在此，我們將情況簡化，將（垂直的）莖幹平面與分枝葉子
所在的平面視為一般平面（圖 7.31），就如同我們將節點視為一
個點。

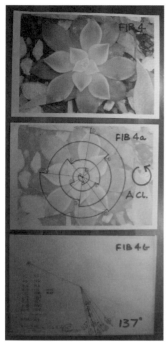

圖 7.34

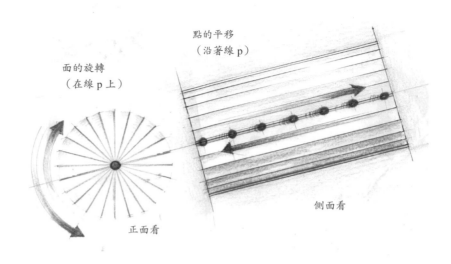

面的旋轉
（在線 p 上）

點的平移
（沿著線 p）

正面看

側面看

圖 7.35 直線上的點與平面之變換的概略描述

　　前些時候，我測量了三種植物的葉子從莖幹生長出來的連續角度變化。可惜我不知道它們的名字，雖然看起來像是某種肉質植物。

　　史蒂文斯（Peter S. Stevens）在《大自然的模式》（*Patterns in Nature*）一書中描述了黃金角 φ（phi）的計算，以及它與黃金分割的關係，並且證明了有一些螺線圖形的布局與我曾展示過的一些植物模式相似。他也描述了一種螺線，可以用黃金角環繞中心點旋轉的漸進步驟而形成；以及這個角與好幾對的對旋式螺線（contra rotating spirals）的關聯，這些對旋式螺線中的每一對各都與斐波納契數有關。

　　我們可以說，就植物而言，點與平面都在直線上活動，如同節點沿著莖幹往上（或往下）平移，葉子或分枝繞著莖幹旋轉它們所在的平面。所有這些本質上不同的運動都同時進行著。

　　這些變換跟動物與人類世界有什麼關係，是一個尚待探索的領域。也許跟脊椎上的「節點」有些相似性吧。

圖 7.36 成長測度中點的移動與環繞測度中平面的旋轉

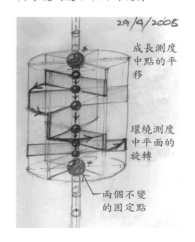

29/9/2008

成長測度中點的平移

環繞測度中平面的旋轉

兩個不變的固定點

第八章　自然界的螺線

螺線（spiral）是一種美妙的形式，在自然界可以找到令人驚訝的多樣性。許多關於自然界形式的書會將鸚鵡螺或其他螺線用在封面上。螺線有許多不同類型，包括阿基米德螺線（Archimedean spiral）、等角螺線（equiangular spiral）或對數螺線（logarithmic spiral）與雙曲螺線（hyperbolic spiral）。讓我們從最簡單的開始。

8.1 阿基米德螺線

這種螺線有一個簡單的性質：當以相同的角度量旋轉時，半徑增加的量是一樣的。如果我們稱之為繩索螺線，會更容易理解它的特性。

這類螺線不常出現在自然界。猛一看，有些小小的管狀貝類的殼，從中間看過去就像是阿基米德螺線，好比 *Olivancillaria acuminata*（圖 8.2）；就算牠們再長大些也一樣。

圖 8.1　以一捆盤繞的繩索詮釋阿基米德螺線

圖 8.2　*Olivancillaria acuminata*

8.2 等角或對數螺線

等角螺線，或稱為對數螺線，會以一種不斷增加的速度從中心往外移動，這一點跟阿基米德螺線相當不同。我比較喜歡稱它為伯努利螺線（Bernoulli spiral），以瑞士數學家雅各·伯努利（Jacob Bernoulli, 1654-1705）命名，他稱此螺線為 *Spira mirabilis*，意思為美妙的螺線。

這種螺線的形式是眾多大自然產物與現象的基礎。或許可以說，所有植物都以某種方式展現這個形式，不論多麼幽微。無數的貝殼類、蝸牛類都展現出這個螺線；向日葵、漩渦、氣旋的螺旋式上升雲與廣大的星系，也都展現出這個螺線。它甚至會無預期地出現，譬如老鷹逼近獵物的方式，牠們銳利的視線與飛行方向會維持固定的角度。

這個螺線是如何呈現的？為什麼會等角？因為當這個螺線每旋轉一個相等的角度，總是與由中心所畫出的半徑直線保持相同的斜率或角度（圖 8.7），因此稱為等角螺線。也就是說，所有繞著螺線的切線都與它們的半徑直線保持相同的角度（就像老鷹的飛行）。所以，作為一個平面上的曲線，這個螺線的形式是從中心的一點極力往外推展，朝向無窮遠處的直線。與此同時，向內的幾何構造永遠不會到達中心的點。

8.3 一般螺線

事實上，等角螺線與一般曲線相去甚遠。我比較喜歡稱平面

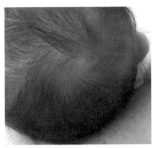

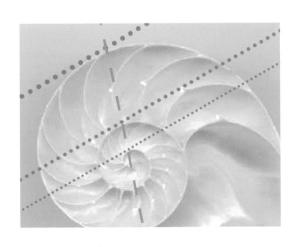

圖 8.3 至 8.6 大自然中的等角螺線：髮旋、突尼西亞的蝸牛、菊石化石，以及圍繞植物的尖刺

圖 8.7 鸚鵡螺腔室的輪廓線；注意藍色的虛線過中心點，且三條橘線為切線，彼此平行且與藍色虛線有相同的夾角

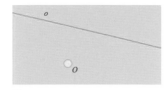

圖 8.8

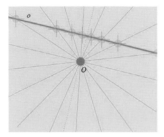

圖 8.9

圖 8.10

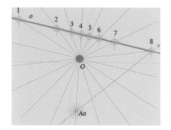

圖 8.11

圖 8.12

上的一般螺線為**螺旋線**（spiroid），它是人造的，但符合這個例子。一般螺線可以由平面上兩個幾何元素的作用及其本質構造而成。這兩個元素就是點與直線，如圖 8.8 中的黃色圈圈 O 與藍色直線 o（點與線）。

下一步，我們要選擇過 O 點的直線族，與直線 o 上的點族，使這兩族系彼此連接。過 O 點做一束直線，並且讓它們之間間隔同樣的夾角，好比說 20°，或許有人會稱這樣的一束線為星形（圖 8.9）。這束直線必定與直線 o 相交，因此做出一系列的點，每條藍線與它相對應的藍點由左而右命名為 1、2、3⋯⋯。它們被稱為點／線對（圖 8.10），在圖中可以看到點／線對 1 到 7，8 在圖的邊緣，而 9 則在無窮遠處。

在這個結構中，我們造出了一個場域或架構。現在，我們插入一個點／線對 Aa 進入這個迷你場域中，看看它必須怎樣移動（圖 8.11）。點 A 恰巧在直線 4 上，而線 a 恰好過點 8，但這是隨機的。現在我們讓 Aa 在此場域中移動，點 A 只能在直線上動作或平移，而直線 a 僅能依點擺動或旋轉。也就是說，A 平移成其他直線上的點，像是 3 或 5，我們取 3 好了，因此平移成 B 點；接著直線 a 依 B 點轉動（或旋轉），變成直線 b，並且通過 7 號點（圖 8.12）。

接著重複這個過程，得到 Cc、Dd、Ee ⋯⋯，產生出一條逐步的曲線。或者，可以說是一個曲線上點／線對的所有變換。這條曲線稱為**路徑曲線**（path curve）。（菲利克斯‧克萊因〔Felix

圖 8.13　複雜的螺線

圖 8.14　同一個場域中更大範圍的螺線

Klein〕與索菲斯・李〔Sophus Lie〕在十九世紀時發現這個理論，在德國稱此為 W 曲線，被誤譯為 Weg 曲線，翻譯成英文時便譯作路徑曲線。[1]）

　　從上述建構過程中所造出來的曲線，就是我所稱的**螺旋線**，這條由點／線對所生成的曲線，具有往中心點 O 旋轉的**趨勢**。事實上，就像等角螺線一樣，它會持續往 O 旋轉環繞，但永遠不會到達中心（圖 8.13）。圖中實際顯示了兩個曲線，這是覆蓋整個平面的一個完整場域的開端。圖 8.14 顯示了這個場域如何巧妙地同時存在於直線 o 的兩側，這些曲線通過無窮遠處後回到直線的另一側。值得注意的是，這裡所建構出來的螺線是不對稱的。

8.4 正則等角螺線

　　在大自然中，我們常常可以發現正則螺線（regular spirals）的蹤跡。要造出這樣的正則螺線很容易，只要將直線 o 移到無窮遠處，同時保持點 O 在中心位置。要畫出這個曲線，最好使用一

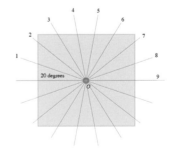

圖 8.15-8.16　建構一個正則等角螺線

---

1 譯按：克萊因原本將之命名為 Wurf-Kurven，指的是一種和諧的「拋擲」，但是英國數學家 George Adams Kaufmann 重新解讀時，由於這種曲線作為迭代射影變換的連續有限之軌道而產生，因此將其稱為 Weg-kurven，而 weg 在德文中有路徑之意。參考 S. Eberhart 的 *On Growth and Form in Nature and Art: The Projective Geometry of Plant Buds anf Greek Vases*，網址 http:// archive.bridgesmathart.org/2000/bridges2000-267.pdf

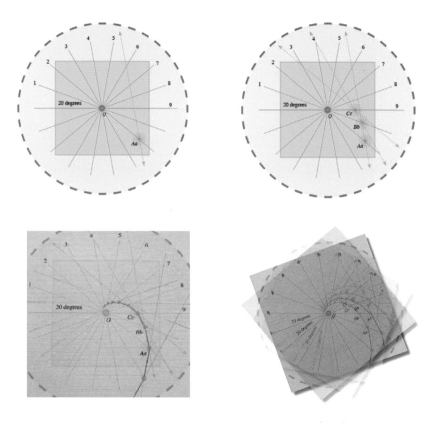

圖 8.20　一個螺線場域的開端

圖 8.17-8.19　建構一條正則螺線

張 A3 的紙（或兩張 18×11 吋的信紙）、一把圓規、一支長尺、一個量角器和一支削尖的鉛筆。

　　在這張紙的中心位置標出點 O，過這個點畫一條水平線（圖 8.15）。從這條水平線開始，利用量角器每隔 20° 作出一條過 O 點的直線（圖 8.16）。接著加進一組綠色的點／線對 Aa，點 A 必須在這些藍線的某一條上（假設在線 2 上），且線 a 必須平行藍線中的某一條（假設為線 4），如圖 8.17。線 a 必須與藍線平行，因為它必須過無窮遠直線上的一點，設為點 4（在無窮遠直線 o 上，此直線以紅色的虛線圓表示）。

　　讓點 A 平移到 B（在線 1 上），且旋轉直線 a 至與直線 3 平行，標示為線 b。此時得到另一個點／線對 Bb。重複這個過程，得到點／線對 Cc，使直線 c 平行直線 2（圖 8.18）。之後得到 Dd 平行直線 1，如此繼續下去。經過重複的平移與旋轉之後，我

們就可看到一個曲線被逐漸地發展出來（圖 8.19）。由這些動作的組合，我們看到一個等角螺線的形式浮現出來，以逆時針的方向旋進點 O。或者，將這些過程反過來，它們會朝向直線 o 旋出。這需要花很長的一段時間！

　　當然，在這個場域中可以建構出很多螺線，其中某些曲線顯示在圖 8.20 中。

8.5 平面上的大自然螺線

　　人們常常問生命如何從無生命的物質演變而來，但我們更應該問的是，無生命的物質怎麼是生命過程的產物？這顯然涉及物理定律，但它們似乎違背了生命真正的意義。當一個有機體死亡時，他便停止了物質上的定律，他瓦解了。儘管環境變幻無常，活著時似乎就該持續地為理想形式的完善而努力。生命有機體為了幾何形式而努力。他不會是十全十美，但無論如何他是展現形式的典範。舉例來說，一個小小的貝殼可能已經死亡、破了且磨損了，但是我們立刻就能認出它曾經是一個生物體的殼；它的形式所揭露的遠遠超過只是鈣含量。透過與生俱來的動態幾何形式，它不同於衰變及混亂無序的礦物定律。它的表現是因為生命，而不是死亡。

　　我們可以預期這個有機的形式會經歷無數次的瓦解，然而總是能夠驚人地恢復其形式。就像我們在圖 8.23 中看到的，一個曾經破了又復原的貝殼；這個貝殼有助我們思考，它只是再次進入與生俱來的形式場域，而這個形式場域對物種來說是獨一無二的。它為此努力奮鬥，而且還做得相當好。

　　這個物質的表現形式可以多麼接近理想形式呢？我們應該來分析一下菊石化石（ammonite）。它是等角螺線，或稱為伯努利螺線。這個化石實際上是一個平面螺線，所以是這個分析的好選擇。

　　第一步驟就是假設某種尺寸的等角螺線可以用來描述這個化石形式的平面截痕。每一個這樣的螺線都有一個中心點。第二步就是估計這個化石的中心點，稱它為中心 O。第三步則是建立一個坐標系，不同於一般的直角 x-y 坐標系，在此選擇極坐標，因為它更能夠處理旋轉。在圖 8.25 中顯示了一個以 30° 為間隔之直線的輻射排列。接下來，標示出某些數據點，這些點為輻射狀直

圖 8.21　一個死亡的貝殼
圖 8.22　一個完整的貝殼
圖 8.23　一個破損又經修復的貝殼

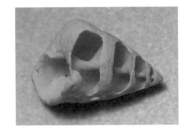

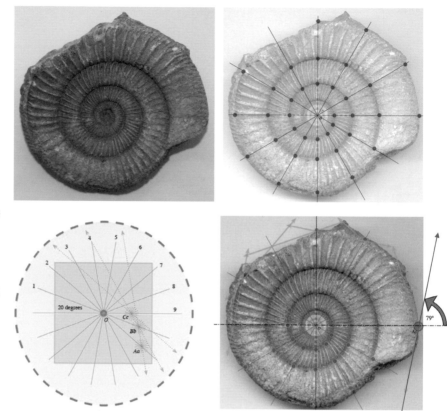

圖 8.24　菊石化石
圖 8.25　疊加上極坐標與數據點
圖 8.26　建構正則等角螺線
圖 8.27　推估螺線的角度

下表
圖 8.28　以簡易的電腦程式計算
半徑值

r = 91.7
r = 87.928359
r = 84.311846
r = 80.844081
r = 77.518947
r = 74.330575
r = 71.273342
r = 68.341854
r = 65.530939
r = 62.835637
r = 60.251193
r = 57.773049
r = 55.39683
r = 53.118347
r = 50.933577
r = 48.838668
r = 46.829923
r = 44.903798
r = 43.056895
r = 41.285955
r = 39.587635
r = 37.959598
r = 36.398311
r = 34.901241
r = 33.465745
r = 32.089292
r = 30.769452
r = 29.503898
r = 28.290396
r = 27.126806
r = 26.011074

線與螺線輪廓線之交點。每一圈標示出 12 個點，這些點同樣是推估出來的。

在此，我用了第 8.4 節的技巧去描繪一個推估的螺線。這個技巧發展出點／線的移動，以建構出正則等角螺線。如圖 8.26 所示（與之前所用的圖相同），選擇一個點／線對 Aa，我估計這條線應該與從中心輻射出來的直線大約夾 79° 的角。因此，從 A 開始，保持與每一條 30° 輻射線夾角為 79° 來旋轉這組點／線對。繼續這個過程繞了半圈之後，我們就可以有 6 個選擇的數據點。我們選擇的角度沒有太奇怪是個好跡象，以這個值作為估計，要比對實際的螺線輪廓與幾何建構出來的等角螺線，並不是太困難。

我寫了一個簡單的程式用來畫出這個螺線。在圖 8.29 中，很容易就可以看出數據點（紅點）與計算出來的點（紅圈）之間的

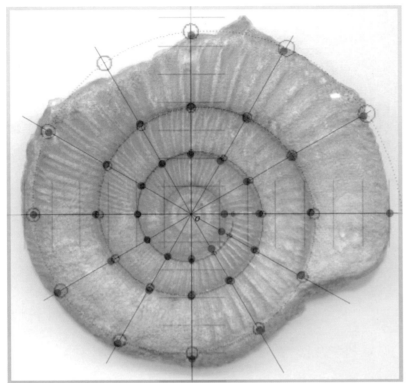

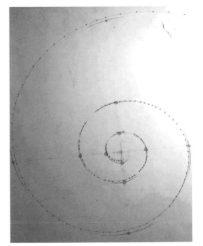

關係。當我們朝中心看去，數據點開始加速旋轉。一般來說，考慮所有已作的估計，算是相當符合的。或許這個化石破損的外圍不是螺線在此真正的位置；也許從更進去一點的地方開始，會有更符合的結果。然而，這個初步的實作意味著這類的進路很值得在其他工藝製品上推行。

前些時候，我檢驗的另一個例子是知名的鸚鵡螺。在此展現的結果是來自澳洲科學院一張海報上的 X 光照射，如圖 8.30（鸚鵡螺剖面）。同樣地，推估數據點，不過無法確定照射這個海螺殼的 X 光是否與視線對齊，或是這個剖面是否準確地通過殼的正中央。儘管如此，它看起來相當不錯且很值得分析。

數據點從海報蒐集而得，在背面以紅色標示（圖 8.31）。接著，估計中心的位置。計算一些新的點。這些計算的點以綠色標示在一條通過這些點的手繪路徑上，看來相當吻合。或許這類分析已經被做過上千次了，但是我想看到實驗結果再次確認吻合也不錯。

圖 8.29　實際的數據點（紅點）與計算位置之間的吻合情形
圖 8.30　鸚鵡螺的 X 光剖面（取自澳洲科學院的海報）
圖 8.31　鸚鵡螺殼的數據點（紅色小點），計算位置與曲線（綠色）。（因為這些點畫在海報的背面，這個結果是鏡射影像或相反的影像）

圖 8.32 與 8.33　左旋香螺，從側面看與從端點看

第三個例子是左旋香螺（*Busycon perversum*）。這個螺殼實際上是錐狀的，因此我檢驗的是一張平面投影的照片，亦即垂直長軸方向的投影。再一次，實際點與計算點之間相當接近，如圖 8.35 所示。要注意的是，計算出來的螺線似乎沿著突出處的內側進行旋轉，這些突出處幾乎會被下一次的迴旋所覆蓋。善於觀察的讀者可能已經注意到，螺線的方向是逆時針旋轉，這對海螺而言是普遍的嗎？請自行觀察。

長久以來數學家對大自然的螺線都很著迷。二十世紀早期，曾有大量書籍論述這個主題，像是庫克爵士的《生命的曲線》（*The Curves of Life*）、湯普森爵士的《論成長與形式》（*On Growth and Forms*）、佩提格魯（J. B. Pettigrew）的《大自然的設計》（*Design in Nature*）與山繆·葛曼的《大自然的和諧一致》（*Nature's Harmonic Unity*）。

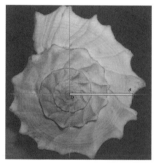

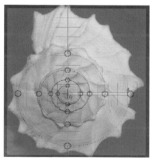

圖 8.34　標示中心，初始的軸線與數據點
圖 8.35　實際點（藍線）與計算點（紅圈）相當接近

圖 8.36　*Scaleria pretiosa*（取自山繆·葛曼的《大自然的和諧一致》）

8.6 一點上的二維性

到目前為止，本章論述的所有幾何都是在一個平坦的、無窮延伸的平面上討論。換句話說，都是二維的。從射影幾何的觀點，我們有了平面上的點與線之基本元素後，可以考慮極像（polar image）（如同第 2.7 節所討論），以及在一個點上的平面與直線元素。這是另一種二維性。我們在那裡發現了各式各樣由平面與直線構成的形狀。很難想像，甚至也很難描述，但是我在圖 8.37 中嘗試做了一個建議的圖像。這類二維性的進一步示範展示在圖 8.38。

平面上最簡單的圖形或形狀就是三角形，也有某一類的三角形建構在一個點上。圖 8.39 示範了它看起來像是什麼樣子。請注意，在藍色平面上有一個一般的三點三線小三角形，這是我們習慣的三角形；那個橫跨在空中、看起來像角錐的圖形，比較不常被視為「三角形」。這個逐點（point-wise）而成的三角形，事實上就是藍色的點 P 與由它而得的三個平面以及三條直線。而且它顯然會在這個點的兩側無限延伸。為了「看到」這個不熟悉的圖形，我們必須作一個截面（在此我們看到了熟悉的三角形）。利用截面去展現這個逐點而成的結構，是很有效的方法，後面還會多次使用到。

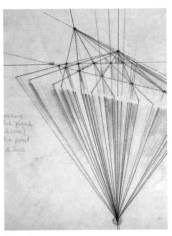

圖 8.37

圖 8.38

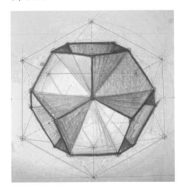

圖 8.40

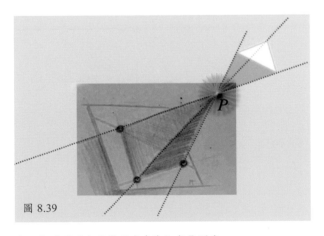

圖 8.39

圖 8.37　在一個共同點上的平面與直線之成長測度
圖 8.38　從單一點輻射出去的平面與直線之六邊形網絡
圖 8.39　在一點上的三角形
圖 8.40　十二面體點（Dodecahedral point）之圖形

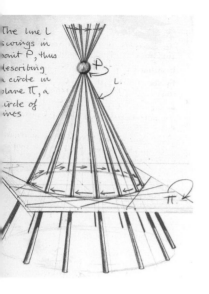

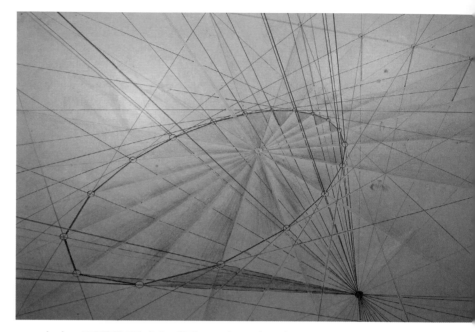

圖 8.41　圓錐的母線
圖 8.42　橢圓錐面

　　在十二面體的形式中（圖 8.40），有一個直線與平面的結構
能描述通過一個共同點的有限二維排列。再一次，為了讓它變得
可見，我們作了一系列看起來像是五邊形構造的橫截面。實際上，
這些五邊形相當於在相同半徑的地方阻斷了從中心點輻射出去的

圖 8.43　點與平面構成的星形

圖 8.44 與 8.45　逐點而成之
輻射的形式
圖 8.46　蘇鐵窄長的葉子展
現了輻射的傾向

線，並且讓我們能夠清楚地看到它的樣子（平面元素的部分陰影
也有幫助）。這個形狀跟病毒的結構相似，為數眾多的病毒形狀
都有十二面體（或二十面體）的基底。也許這種微小的有機體代
表著某種遙遠的、無限力量的聚焦點。

　　圖 8.41 描繪出這兩種二維性對照時所呈現之固有的對偶性。
直線 l 繞著點 P 旋轉，與此圓錐的截平面 π 交於一圓。注意的
是，這個圓錐同時在點 P 的兩側延伸，如同我們在三角形構造中
所看到的。

　　我們能夠在一個平面中想像一個橢圓的樣子，並用它上面的
點或切線作出橢圓。同樣地，我們也可以構想一個由通過一點的
一束直線或一疊平面所構成的橢圓。圖 8.42 展現了平面上的橢圓
和橢圓錐，這種對偶性必定可應用到螺線或是任何的平面形式。

　　我們是否在任何大自然的形式中，看到這些二維逐點所成的
輻射線或平面？甚或是由點所成的螺線？圖 8.44 與 8.45 回答了
這個問題，因為這些星芒的形狀看起來像來自一個點。我們熟悉
的蒲公英也可做出這類詮釋。這些例子顯示了「星芒」有可能
真的是從稍微分開但視覺上看起來幾乎重合的節點擴散或輻射出
去。這樣的傾向展現在這些植物上，即使就幾何而言可能並不完
全精準。

圖 8.47　三個擺在一起的褐斑
筍螺（Terebra aerolata），交接
處看似一條直線，因此接近真
正的純圓錐

圖 8.48　鐘螺科的貝殼，從上
方看跟真的圓錐相當吻合

8.7 一點上的自然螺線

在一個點上的螺線是什麼？這個問題很難回答。我還沒有找到一個簡單的方法，可用來勘測從單一點輻射出來的有機體形式。儘管如此，或許值得努力，畢竟從幾何上來說，由點所成的螺線是任意平面螺線的配極。事實上，左旋香螺與其他貝殼類的錐體外觀上就有線索。

從這個觀點看來，無疑地有逐點而成的錐體存在的證據。這些錐狀貝殼有多接近純圓錐（simple cone）呢？大部分很接近，但也有例外。當然，嚴格來說，我們只討論了半個圓錐，因為貝殼顯然不會在起始點的兩端同時生長。

這兩個沒有直線邊緣的貝殼可能仍然是點的形式（圖 8.49 和 8.50），但就另一種性質來看，它們可能更傾向是蛋形或漩渦的形式，我們留待下一章討論。

圖 8.49　這個貝殼的曲線稍微
凸出來，顯示不是所有貝殼都
是真正的圓錐

圖 8.50　這個稍微有點凹的輪
廓線同樣是個例外

第九章　三維的射影幾何

9.1 最簡單的三維形式

如果我們想像用最常見的一對一射影變換，將整個三維空間映成它自己本身，可證明一定會恰有四個點是自我變換。[1]任意三點決定一個平面（三角形也是），[2]因此空間中任意四點必能決定最簡單的三維變換。事實上，它就是個四面體，或是一種角錐。一個四面體有四個點（頂點）、六條線（稜）與四個平面（面）。

數學家處理兩種數目。第一種是我們每天使用的數目，包括負數、分數與小數點後有無窮無盡數字的無理數（像是 π）。這些數稱為「實數」（real numbers）。另一種數目則被稱為「虛數」（imaginary），弔詭的是，實際上它難以想像；它們是負數的平方根。

回憶一下，-1 的平方是 $+1$，不可能得到一個平方數是負數。然而，數學家卻用了這樣的數字（以 i 表示）。在射影幾何中，實數等價於實點（real points），此時虛數有所謂的環繞性質（circling property）。我們稍早之前所用的環繞測度，就是有虛數的一種代數性的測度。就像實數的平方根一樣，虛數總是成對出現（16 的平方根為 $+4$ 與 -4；同樣地，-16 的平方根為 $+4i$ 與 $-4i$）。

回到四面體，它有三個基本的類型（同樣有一些特殊例子或退化情形）。

首先，是**全實四面體**（all-real tetrahedron）（圖 9.1），它有六條實線、四個實點與四個實平面。在圖形中，我用一個小正方形框住這四個不變點，作為它們固定性的象徵。

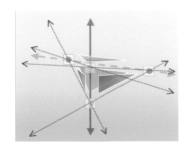

圖 9.1　全實四面體

1 原注：愛德華在《生命的漩渦》第 305 頁中證明這一點。
2 譯按：須為不共線三點，作者省略了這個條件。

圖 9.2　半虛四面體

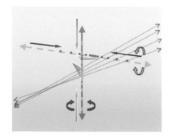

圖 9.3　全虛四面體

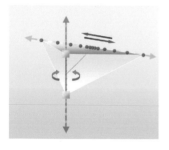

圖 9.4　半虛或是複合形式四
面體的移動規律

第二種為半虛四面體（semi-imaginary tetrahedron）（圖 9.2），它有兩個實點、兩個虛點或環繞點、兩個實平面與兩個虛平面或環繞平面。有點像是複合形式，一種固定與移動元素的複合。在圖形中，我們看到在鉛直線上有兩個固定的綠點，以及位在另外一條水平直線上的兩個固定的綠色平面。同時，圖中也顯示了在水平線上有兩個虛數的、可移動的紅點（以相反方向環繞），以及在鉛直線上有兩個旋轉的紅色平面。

第三種為虛四面體（imaginary tetrahedron）（圖 9.3），除了兩個實點之外，它所有的東西都在旋轉。也就是說，疊狀的平面在兩條直線上旋轉（順時針與逆時針方向），它的點也規律地在兩條直線上移動（雙向）。另外的四條直線連接四個（虛）點與平面；這些同時也在移動中，不過為了避免過度擁擠，並沒有顯示在圖中。

這三種四面體都很重要，但複合形式半虛四面體比較特殊，這一點我們稍後會看到。

讓我們看看一個複合形式的例子，其中兩個實點在鉛直線上，以及兩個環行的點在水平線上。當然，可以選擇讓這兩條直線互相垂直。我也在其中一條直線上設定成長測度，另一條直線設定環繞測度（這確實可行）。這兩條直線上的固有測度粗略地顯示在圖 9.4 中，這種測度尚未詳細說明過。固定的元素以黑／灰色顯示（兩條直線、兩個點與兩個平面），點的測度只顯示在兩條直線上（以避免過度擁擠）。紅點是一種未定的環繞測度，綠點則是一種未定的近似成長測度。當然，有非常多的變化。

圖 9.5　一般螺線的建構

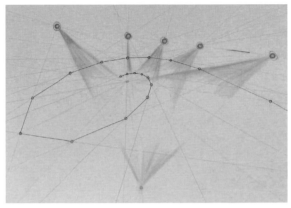

圖 9.6 與 9.7　建構一個類漩渦形式

　　在一個點和一個平面之間能夠生成什麼形式？我在頂部的固定平面上選擇一個一般螺線（或漩渦），在底部的固定點上選擇一個螺旋錐線（spiroid cone）。（建構這個錐線的說明可參見第 8.3 節；亦如圖 9.5 所示。）我猜想如果這兩個曲線互相交錯，應該會得到某些有趣的東西，但沒有那麼簡單。我發現平面上的螺線與點上的螺線必定是不同的，兩者之間會有一個位移量（displacement）。

　　首先，畫出兩條直線（顯示為橘色），在水平直線上有一個任意的環繞測度（圖 9.6）。接著，在過頂部端點的頂部平面上畫出一條螺線形（圖 9.7，綠色），如同在第 8.3 節描述過的（它是一個點／線對的路徑，在平面上的一點與一直線之間，同時對點與線進行測量）。現在，在底部端點加上一個圓錐漩渦形（圖 9.8）。在此，我們有了一個平面螺旋線和一個圓錐逐點而成的螺旋，即一個螺旋錐線，但是它們是不同的且彼此不相交。

圖 9.8 與 9.9　建構一個類漩渦形式

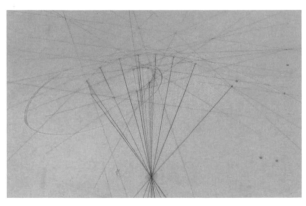

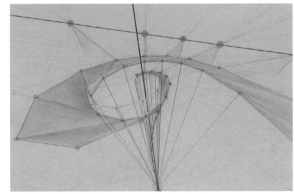

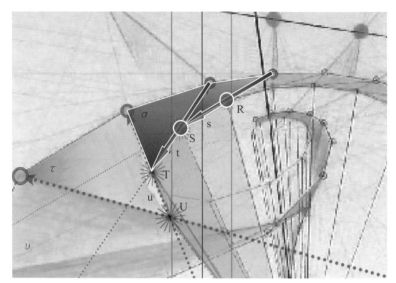
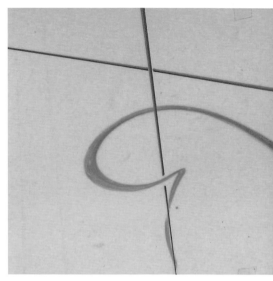

圖 9.10　建構一個類漩渦的形式
圖 9.11　一般的三維曲線，看起來像是一種漩渦

下一步有點複雜。這兩個二維度的形狀在圖 9.9 中連接，顯示出點／線／面三位一體如何在這個結構下移動，產生出一條精妙的曲線。選擇一個任意的起始點，設為點 R，讓它沿著線 s 平移到點 S；接著線 s 在它的平面中旋轉到線 t；接著這個平面沿著直線 t 橫掃（sweep）變成平面 Σ（sigma）（圖 9.10）。一再重複這三位一體的行動。我們可以注意到它繞著中心的垂直線，一直向下捲曲朝向底部端點而去。

如果移除掉所有建構的直線（兩條初始線除外），這條來自「平移──旋轉──橫掃」動作的曲線就變得非常清楚（圖 9.11）。這條曲線是個美麗的形式，始於無窮寬闊的頂部平面，沿著垂直的直線旋轉朝向底部的端點。這個三維的曲線即是複合四面體的一般形式。

9.2 空氣漩渦與水漩渦

我們接著來看看複合四面體的一個特殊例子，其中兩個實點可以彼此取代：一個是無窮遠的點，一個是在地的點。兩個虛點位在無窮遠的水平實線上。在圖 9.12 中，兩條作為整個結構核心的基本實線離得相當遠，我稱這兩條直線為 a 與 z。圖中直線 a 是垂直與在地的，而直線 z 是在無窮遠處的水平線；在直線 a 上，有一個點 B 位在較低的位置，與一個點 A 在上方的無窮遠處，

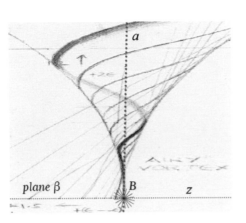

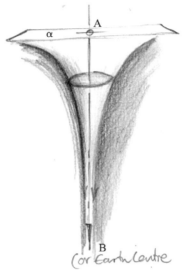

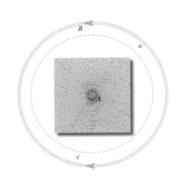

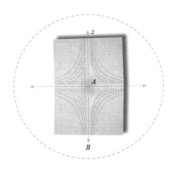

而水平的平面 β（beta）通過 B 點。現在想像點／線／面三者在這個空間中移動，它會在一系列美麗的、非對稱的漩渦曲線上移動，沿著直線 a 旋轉著朝向直線 z 而去。愛德華稱這個漩渦為空氣漩渦（airy vortex），以便與我們下面要描述的水漩渦（water vortex）區別。就其形式而言，本質上皆與這些元素有關。

　　為了畫出水漩渦，有些關鍵元素要採用相反的規則。在圖 9.13 中，點 B 與所在的平面 β 下降到無窮遠處，換成點 A 與其所在的平面 α（alpha）登上中心舞台；直線 a 移到無窮遠處，直線 z 為圖形的中心且與直線 a 垂直。我們必須從剖面與平面圖來看看它是如何運作的。從平面圖上看是個等角螺線（圖 9.14），而從剖面看是個雙曲線場（field of hyperbolae）。我們可以再次由圖中看到沿著所有軸的成長測度。將這兩者交互放在一起，一個美麗的曲線出現了，就是水漩渦。在圖 9.16 中，螺旋曲線被凸顯出來。

　　愛德華說過：「這是可能存在的最大四面體，不會再有更大的了。它橫跨整個空間，在我最不乏想像力的時刻，我將它命名為宇宙四面體（cosmic tetrahedron）。」（《生命的漩渦》，第 151 頁）圖中僅畫出變換的一半，另一半當然在水平平面之上，我只呈現出其中一個表面，然而實際上它有無窮多個表面。

　　我個人對這個形式的興趣，主要源自在自宅後院做的一個實

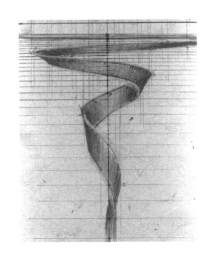

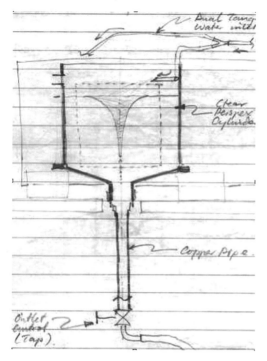

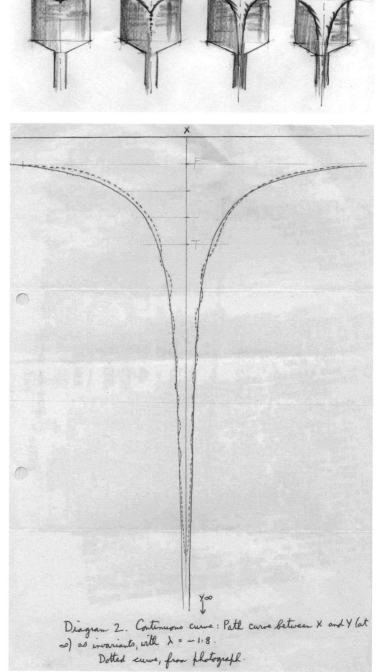

圖 9.17　拍攝水漩渦的實驗裝置之素描

圖 9.18　不同流動速率下的漩渦

圖 9.19　愛德華的部分信件，
顯示出計算的與實際的漩渦輪
廓線

驗，實驗目的是要檢測真正的水漩渦與幾何上的水漩渦是否相同。一九八一年前，我寄了一些在壓克力容器中產生的水漩渦照片給愛德華，當時我工作的環境允許我可以做這些事（圖9.17）。

　　愛德華分析了這些照片，並且與我分享他的結論。他發現這些輪廓線確實非常接近路徑曲線的形式，雖然不同的流動速率會得出相當不同的外部輪廓線（圖9.18）。這一點相當令人振奮。愛德華寄給我一份他根據其中一張照片所描繪的輪廓線，與計算所得之輪廓線的複本（圖9.19）。計算的輪廓線與描繪的輪廓線之間的關聯性是好的，除了一些漣漪之外。可惜我沒有真正看到愛德華所用的照片，因為我寄給他的就是原始的底片。我手邊

圖 9.20 與 9.21　使用的儀器
圖 9.22　在照片中插入互相垂直的軸線（見第 107 頁說明）

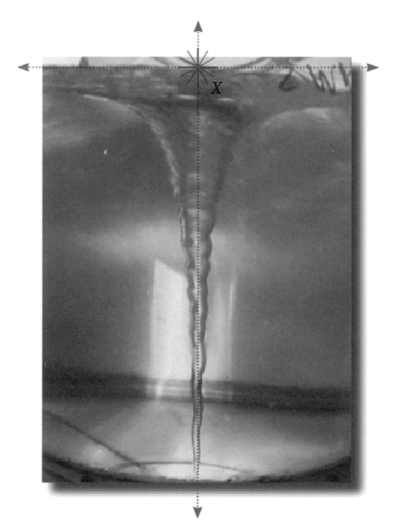

還有一些水漩渦形式的照片，畫面中可以看到我使用的儀器（圖9.20與圖9.21）。

要分析這些漩渦，我們必須判斷哪裡是頂端的水平面（有水的話就不是太難判斷），以及哪裡是垂直面。即使在輪廓線上有一些隆起處，還是可以在各個水平高度以最佳直線的狀態將漩渦的寬度二分。在這張資料照片中，一開始處於同一平面的定向是猜測的，這兩條推估直線的交點給出了頂端的 X 點，將位於垂直軸上無窮遠的點假設為 Y 點（圖9.22）。

我在想是否可以將這個 Y 點想成是地球的中心（重心所在）。實際上，在計算時沒有什麼差別，不論是地心或是無窮遠的點，同樣都有很長的路要走。如同愛德華所說的，在這個估計方法中，假設這個四面體是「宇宙」的。這意味著沿著垂直與水平軸的測度能採用一個簡單但可能不同乘數（multiplier）的幾何（成長）數列。[3] 這明顯簡化了這項工作（見下頁）。

按照這個分析，左邊的部分似乎比較吻合，右邊較不吻合。對我而言，再參酌愛德華的結論，這個結果似乎顯示純粹形式的那些考量都是有效的。

到目前為止，這個形式被假設成與距離無關，也因此無關乎大小或規模。幾何上來說，沒有什麼東西可以決定任意的絕對尺寸。或許有來自其他面向或影響力的限制，可用來決定真正的大小，甚至是相對大小。順帶一提，我常常在想人類的平均身高應該用來當作一種測度，而不是什麼隨便的米、呎或是某個波長。當勒・柯布西耶（Le Corbusier）提出模距人（Modular Man）的觀念時，或許曾經接近這樣的概念。[4]

這是處理螺線的下一個階段，這一點會在第十三章的極形式（polar forms）中論及。

圖9.23 估計漩渦的輪廓線

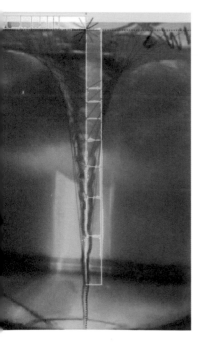

---

3 譯按：幾何數列就是等比數列，乘數可想成是公比。

4 譯按：二十世紀的建築大師，於1942年與1948年發展所謂的模距的概念，根基於黃金分割比與斐氏數列，以及平均人的身高維度，用以達成建築構成上的和諧。

1. 在漩渦曲線大約中間的位置假設兩條切線。

2. 在鉛直和水平軸上標示出這些切線的交點。

3. 測量 M_1（$=33.5\text{mm}$）與 N_1（$=19.4\text{mm}$）到中心軸的距離。

4. 測量 M_2（$=44.7\text{mm}$）與 N_2（$=84.4\text{mm}$）到頂部水平平面 α 的距離。

5. 計算軸上的兩個乘數，
   令 $a = \dfrac{M_1}{N_1}$（遠離 X 點）$= \dfrac{33.5}{19.4} = 1.727$
   令 $b = \dfrac{M_2}{N_2}$（朝向 X 點）$= \dfrac{44.7}{84.4} = 0.5296$

6. 令 $\lambda_v = \dfrac{\ln b}{\ln a}$（其中 λ_v 為形式因子，類似於愛德華的芽苞／蛋形的 λ 參數）
   因此 $\lambda_v = \dfrac{\ln 0.5296}{\ln 1.726} = \dfrac{-0.6.355}{0.5458} = -1.164$，一個負值。
   這個值也許可供我們理解輪廓線的形式因子。

　　要了解看起來的對應關係，我們必須要在 M_1 與 N_1 之間，以及它們的另一側做更多計算。該如何計算？這些值可由幾何數列的公式 $T_n = ar^{n-1}$ 算出。

　　若 $a = 19.4$，$n = 4$，$T_4 = 33.5$，則 $r = 1.199$

　　由此可算出更多項。所以前幾項為 13.4, 16.2, 19.4, 23.3, 27.9, 33.5, 40.23, 48.3；對鉛直部分以 $r = 1.237$ 作同樣的計算，鉛直的數列為 29.2, 36.1, 44.7, 55.4, 68.7, 84.4, 104.4, 129.1。

　　下一步，連接相對應的點，即可得此形式的可能切線（圖 9.23 中以紅色虛線表示）。

圖 9.24　蘇格蘭的新石器時代
雕刻圓石，有四個「面」，就
像一個四面體（Critchlow, Time
Stands Still），沒有人知道這些
物品有何用途，或它們真正的
年代

圖 9.25　柏拉圖的正四面體被
視為是火的本質

9.3 實四面體與正四面體

　　正如我們在本章一開始所見，空間中最簡單、最基本的形式就是四面體，有四個點（頂點）、六條線（稜）、四個平面（面）。它是五種柏拉圖正多面體（Platonic solids）的核心形式，也是在蘇格蘭發現的新石器時代雕刻圓石（Neolithic carved stone ball）中最常見的形式。在柏拉圖的《蒂邁歐篇》（Timaeus）中，將四面體描述為「火的存在與本質」。也許柏拉圖在基本的空間形式（也就是四面體中）看到了某種特質；這個四面體也是原始熱源的首次創意表現。

　　所謂的正四面體就是所有的面皆為正三角形，且所有的直線邊皆等長。當然有很多作出正四面體的方法，我們可以從線開始著手。讓我們從兩條歪斜線（不相交的直線）開始，且讓它們彼此垂直；接著取另兩對這樣的線，每對皆相互垂直。現在我們有六條線，我們可以將這三對直線以相同的中心將它們放在一起；或者更精確地說，連接各對歪斜線的三條直線（或者可稱為橋接線）會交於同一點。如圖 9.26 所示，儘管要將三維的直線畫在平面圖形上有點難——我們看到的形狀無法創造出心靈之眼的三維圖像。下一步，安排這些橋接線，讓它們彼此之間的夾角為直角。現在，這個四面體出現了，由六條直線所作出。在圖 9.27 中，我

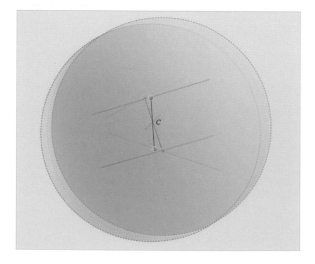

圖 9.26　各條橋接線的中心點，這些橋接線連結每對垂直的直線，且交於一點

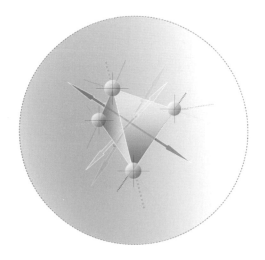

圖 9.27　等邊的正面四體

加進四個點作為此四面體之平面的暗示；這整個形式在每一方向都是完全對稱的。

在第 8.2 節中，我們用了四面體的架構產生漩渦的形式。在那些例子中的四面體是半虛四面體，亦即兩個點是實點，兩個點是那種奇怪的、環繞的「虛」點，在幾何上等價於負數的平方根。接著，我們該回到四面體的一個特殊例子。

9.4 極端退化四面體

四面體的極端退化指的是當六條直線、四個平面與四個點都合而為一的情形。令人驚訝的是，這種情形仍然可以生成在真實世界中我們看得到的形式。點／線／面三者創造出一系列的橢圓曲線。這個模型給出了它可能如何呈現的線索（圖 9.28），這個形式有點類似雙殼綱貝類。

這個幾何形式有一條共同的直線，利用它將橢圓像合頁般鏈結起來。我很驚喜聽到愛德華將這個形式稱為退化四面體。大自然裡的這種形式以雙殼綱貝類為代表（通常曲線非常不明顯），它們以某種類似絞鏈的機制開合。我第一次在平面上看到這個形式，並不是將它看成退化的四面體，而是一個三角形（圖 9.30）。這點會在下一章說明。

在此暗示了一種型態學的演化嗎？雙殼貝類在地球化石的紀錄上屬於早期的生物。幾何上來說，一般四面體中只有一種非常簡單、特殊的退化表現會在一開始或非常早期出現，其他潛在的形式則還沒被看到。

總結來說，在四面體之內與整體之中是有結構規則的。律動（rhythms）來自於直線變換成它自身時；二維的形狀（shapes）來自於平面（或點）變換成它自身時；三維的形式（forms）來自於空間作了一些特殊的事情時，也就是說，當它變換成它自身時。於是，我們有了：

律動——形狀——形式

圖 9.28 由極端退化四面體所生成的曲線模型
圖 9.29 簡單的雙殼貝類
圖 9.30 從一個退化的三角形生成的形式

第十章　凸路徑曲線

10.1 一般的實三角形

　　我們在第 8.3 節看到，與點／線變換有關的形式可以被稱為路徑曲線。這些曲線是一組點／線對在一個場域中根據某種三角形移動的必然路徑。除了是（點的）路徑曲線，或許它們也應該被稱為（切線的）包絡曲線（envelope curves）。

　　在全實三角形中，也就是我們習慣的那種三角形，可以看到平面如何變換成它自身。通常會有三個固定點與三條固定直線，亦即這些點與線自身都不會改變。但是平面中剩下的部分都改變了。它可以被想像成切點與切線在覆蓋整個平面的確切曲線上不斷地運動。類似情形可在水的運動中發現，舉例來說，我們可以在漩渦、河流中的駐波，或是瀑布沖刷之中看到它。

　　我們的第一個例子是一般的不等邊三角形（三邊全部不相等）。三個固定點與三條固定直線疊放在整個圖形上（圖10.1）。

圖 10.1　三角形路徑曲線

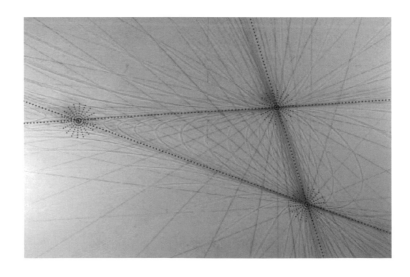

建構一條路徑曲線

1. 選擇三個固定點 A、B、C，分別以直線 a、b、c 連接（圖 10.2）

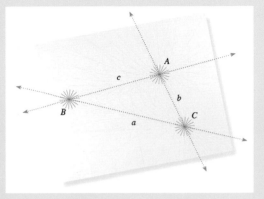

圖 10.2

2. 在 $\triangle ABC$ 邊界的內部任選兩個點 M 與 M'。它們可以在任何地方，不過在三角形內部會方便一點。想像 M 移動（平移）到 M'，因此可得直線 m（圖 10.3）。現在整個圖已經確定：只是還看不出來。

3. 連接 AM，與直線 a 交於 P 點，連接 AM'，與直線 a 交於 Q；連接 CM 與 CM'，分別與直線 c 交於點 P' 與 Q'。因此結果就是直線 AM 與直線 CM 同時分別地旋轉到直線 AM' 與直線 CM'（圖 10.4）。

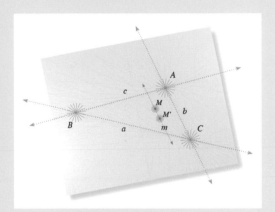

圖 10.3

4. 如圖 10.5，用 P 與 Q 作為兩個起始點，在沿著直線 BC 上的點之間建立一個成長測度（見第 7.2 節）；同樣地，用 P' 與 Q' 作為兩個起始點，沿著直線 AB 建立一個成長測度。

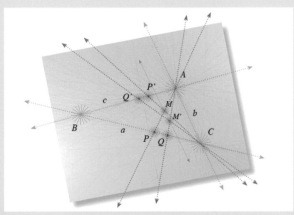

圖 10.4

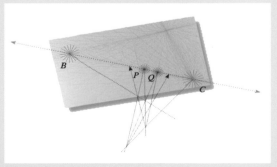

圖 10.5

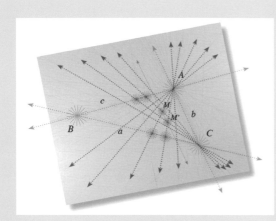

圖 10.6

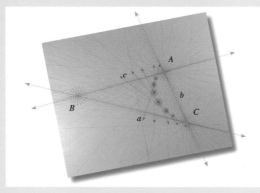

圖 10.7

5. 根據各自的測度，分別從 A 與 C 畫出直線族。圖 10.6 只顯示出部分。

6. 繼續作出 M 點所經過的路徑，同時朝向 C 點與 A 點。這些點所決定的曲線就是一條路徑曲線。有一些這樣的點同時伴有切線，如圖 10.7 所示。

7. 在 A 與 C 的另一側也可以重複這樣的步驟，然後畫出更多構成整個場域的曲線。我們所要做的，就是以相同的方向，連接穿過所有的小四邊形（所有橘線的交點）。由此生成我們在本章開頭所見的曲線族（圖 10.1）。

10.2 一點在無窮遠處的實三角形

其他三角形又是怎樣的情形呢？有個方法可將一般三角形變成一個特殊三角形：只要將 B 點移到無窮遠處，因此直線 a 與 c 變成平行，且使得直線 b 垂直 c 與 a（圖 10.8）。儘管外形如此，它依然是個三角形。

曲線建構的方法與之前三角形所用的方法一樣（圖 10.3 至 10.7），唯一的差別是明顯簡化許多。此時，在直線 a 與 c 上的測度是一種幾何數列，一種成長測度的特殊情形，有著固定的乘數（圖 10.9）。同時，這些曲線會在直線 b 的兩側成對稱。這個特殊例必須同時處理距離（B 為無窮遠點）與角度（直線 AC 垂直於另兩條平行線）。這是一個相當重要的例子，從它的蘊涵中會發展出我們在下一章將見到的大自然形式。

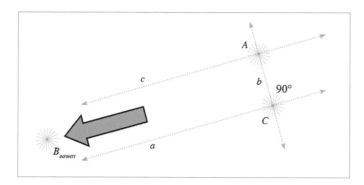

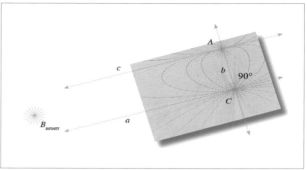

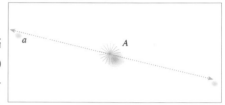

　　接下來，這是一個特別有趣的三角形，當所有的元素融合，看起來就像一個點／線對時：*A*、*B*、*C* 三點合而為一，變成一點稱為 *A* 點；直線 *a*、*b*、*c* 重合成一條直線，稱為直線 *a*（圖 10.10 中的三重點與線）。這樣怎麼可能會有形狀呢？愛德華在《生命的漩渦》（第 37 頁）中論述過這條直線上的測度為何可以是一個點的階段測度，以及在此點上，它為何可以是一個線的階段測度。階段測度是成長測度的一個特例，因此我們簡單地在點 *A* 與直線 *a* 上設立兩個階段測度，並投放一個點／線對，接著畫出這個必然的曲線（圖 10.11）。這些曲線為過 *A* 點且與直線 *a* 相切的橢圓族，每一個橢圓在大小與方向上皆不相同，但它們都屬於同一個無限延伸的形式場（field of form）。

圖 10.8　有一個點在無窮遠處且直線 *a* 與 *c* 平行的三角形
圖 10.9　對稱的路徑曲線
圖 10.10　所有點與所有線皆重合的三角形

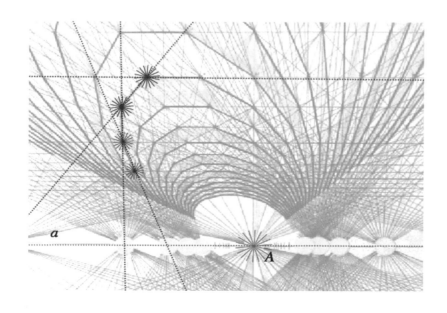

圖 10.11　由階段測度生成的橢圓族

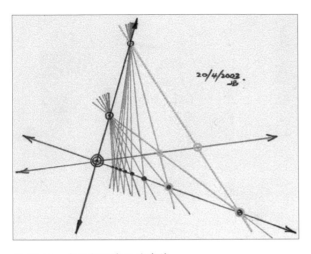

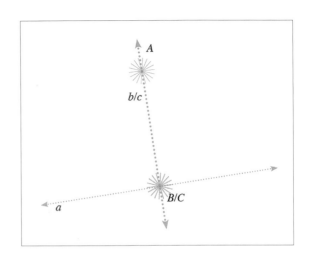

圖 10.12　在兩個點與兩條直線
中的階段測度
圖 10.13　有兩個點與兩條直線
重合的實三角形

接著是另一個有趣例子的簡短描述，有點像是折衷的例子。
其中 A 點為單獨一點，而 B、C 兩點合一。也就是說，理所當然
地直線 b 與 c 重合，而直線 a 與它們分開（圖 10.13）。直線 a
並不一定要與直線 b/c 垂直，但是我讓它們保持垂直。在直線 a
上我們有一個階段測度，而沿著直線 b/c 則是成長測度。在這裡
我只給一個例子。（在愛德華的《射影幾何》〔 Projective Geometry〕
第 227 頁後有詳盡描述。）沿著直線 b/c 且聚集於點 A 與點 B/C
的成長測度是必須的，還有沿著直線 a 且聚集於點 B/C 的階段測

圖 10.14　路徑的中途
圖 10.15　有兩個點在無窮遠
處，且有兩條互相垂直的直線
的實三角形，所造出的漩渦輪
廓線

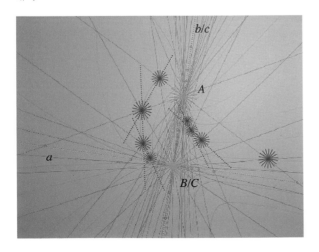

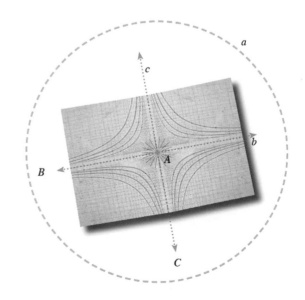

度（圖 10.14）。

　　另一個重要的例子則是將 B、C 點移到無窮遠處，直線 a 變成無窮遠線。我們將 A 點放在中央位置，讓直線 b 與 c 交於 A 且互相垂直。在這樣的布局中，固有的變換所得到的路徑曲線就像一個漩渦的輪廓線（圖 10.15）。這些曲線是一種特殊的漩渦輪廓線；它們是簡單雙曲線。

　　如果穿過那些小矩形的另一方向對角線畫出曲線，就可得到愛德華所稱的空氣漩渦（圖 10.16）。

10.3 半虛三角形或複三角形

　　我們在第 9.2 節已經看到虛數（負數的平方根）會成對；在幾何上，他們被描述成圓周運動中的位置。正如虛數總是成對，在一個三角形中，總是必須有一個點或一條直線保持為實。因此，它們是半虛或複數形（同時包含實數與虛數元素）。

　　讓我們取一個三角形，假設點 B 與 C、直線 b 與 c，以實點 A 為中心作環繞測度的旋轉，且直線 a 保持固定、靜止與不變。想像點 B 與 C 沿著直線 a 流動或平移，直線 b 與 c（沒有特別顯示出來）繞著 A 旋轉。他們在環繞測度中作旋轉，同時點 B、C 在點的環繞測度中作平移。

　　這樣得出的形式就是稍早第八章所論及的螺線。將圖 10.13 作得更詳細一些，現在我們可以在一個更為寬廣的背景下（圖 10.17）看到這些螺線，注意點 B 與 C 朝相反的方向來回移動。

　　下一個例子基進許多。如之前的三角形，但是現在我們將實線移到無窮遠處，可得到第八章建構出的螺線（圖 8.19）。B、C 在無窮遠的直線 a 上，但是以一種均等的環繞測度，亦即以一種相等的步速朝相反的方向移動。沿著這些從中心 A 點輻射出去的直線上的測度為幾何測度（成長測度的特例，發生在不是 B 就是 C 移到無窮遠處時）。因此，這些以 A 點為中心不斷膨脹發展的同心圓之半徑，以幾何數列的形式增加。由這種布局得到的曲線就是等角螺線（圖 10.18）。

　　理所當然會有兩組這樣的曲線，一組是順時針，一組是逆時針。在圖 10.19 中，它們彼此重疊。這個曲線看起來像向日葵，不過在大自然中，順時針螺線與逆時針螺線的數目並不總是相等的。

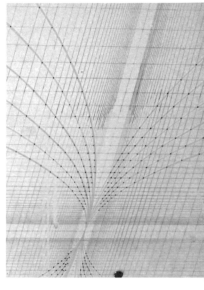

圖 10.16　空氣漩渦

圖 10.17　由一個有一實點與一
實線的虛三角形所得出的場域

如果這些螺線非常平緩，它們就愈來愈像圓。因此，即便是
同心圓也是路徑曲線。而如果它們愈來愈陡峭，會變成通過 A 點
的半徑直線。它們實際上的範圍從輻射的直線到通過兩者間所有
可能的等角螺線的同心圓（圖 10.20）。

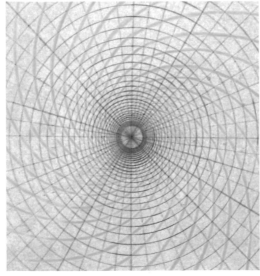

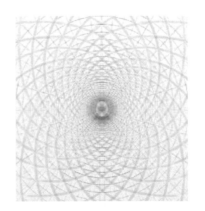

圖 10.18　從一實點
（中心）、一實線（在
無窮遠處），以及兩
點兩線在旋轉的複三
角形所生成的等角螺
線
圖 10.19　雙螺線
圖 10.20　從輻射直
線到圓的螺線範圍

10.4 芽苞

　　接下來，我們來看看在三維的複合四面體中所生成的兩種主要形狀；所謂的複合四面體，就是有一部分實、一部分虛。這兩個形狀之一是一般漩渦，稍早已經論述過；另一個為凸狀的形式，包括像是蛋或芽苞的形狀。這種形式不限於蛋、樹葉或花蕾，也出現在樹的輪廓線和海膽之中。

　　一開始，檢視平面上的輪廓線要比螺線形式簡單些。在第10.2 節中，我們看到了由一點在無窮遠處、直線 a 與 c 平行的三角形所生成的場域。在此再展示一次（圖 10.21）。

　　一九七〇年代中期，愛德華訪問澳洲的幾個月期間，我有機會與他共事。他有許多小植物芽苞的照片，但我不記得是哪些植物，不過那無關緊要，我們檢驗的是形式本身。第一步是在照片上放上一張描圖紙，然後仔細地描繪那些輪廓線。將這些輪廓線描繪在紙的一面，然後翻面作真正的測量，這樣能夠讓原始的輪廓線保持完整，以防萬一測量時需要進一步檢視。

　　為了測量，必須要標示端點。芽苞的頂端通常都很清楚，但是較低的一端就必須要做估計，因為在花梗連接時會有些不確定的融合處。接著，在這些端點之間畫出一條推估的中心軸，許多芽苞幾乎都是垂直的，因此這不是太困難。再來，將高度分成八等分，在這些分段間作測量，細節可見於下頁的分析說明。

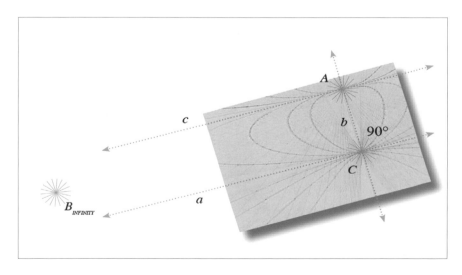

圖 10.21　由一個點在無窮遠的
三角形所產生的場域

圖 10.22 某些小植物的芽苞照片
圖 10.23 由一張照片所作的初步描繪與測量

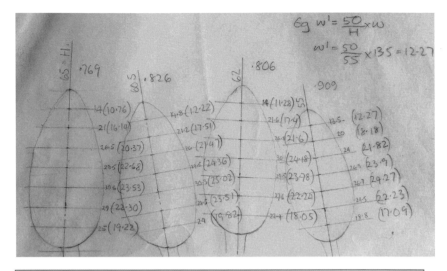

分析說明

1. 估計頂部端點 X，與底部端點 Y（圖 10.24）。

2. 在 X 與 Y 之間畫出一條推估的中心軸。

3. 將高度 XY（$XY = 62\text{mm}$）分成八個區間，由下而上分別為 A、B、C、T、D、E 與 F；分別過 A、B、C、T、D、E 與 F 作中心軸的垂直線。

4. 在每一個分段層測量直徑，例如在 T 處測量到的芽苞直徑為 30mm。

圖 10.24 七個分段層

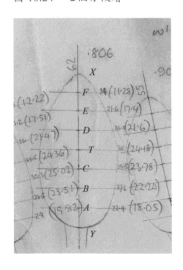

5. 將所有的直徑以高度 100mm 的標準依比例縮放，圖 10.24 中的計算如下：

縮放後直徑 $=（100 ／ H）\times D'$

而縮放後的半徑為直徑的一半，因此

縮放後的半徑 $=（50 ／ H）\times D'$

假設在 T 處測量的 $D' = T = 30$，而 $H = 62\text{mm}$，

當標準高度為 100mm 時，

縮放後的半徑 $=（50 ／ 62）\times 30$

因此在 T 那一層的縮放半徑 $= 24.2\text{mm}$

6. 在這個芽苞的七個分段層都完成這些動作。

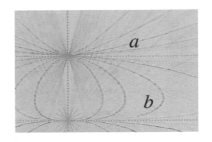

圖 10.25　乘數 a 與 b

找出 λ（lambda）與畫出完美的輪廓線

1. 這些縮放的半徑（圖 10.24）如下：

   $A = 18.05$

   $B = 22.24$

   $C = 23.78$

   $T = 24.18$

   $D = 21.60$

   $E = 17.40$

   $F = 11.28$

2. 在相似的芽苞中重複這些步驟以及取平均值，列出平均的縮放半徑。

3. λ 為兩個對數的比值，這兩個對數值為每一分段層之平均半徑（mean radius）與在中心層（T）的半徑之比值。[1]

4. 計算七個分段層的 λ 值，得出其平均。在這個測量例子中，平均為

   λ =（1.319+1.335+1.399+1.874+1.972+1.998）／ 6，因此 λ = 1.649

5. 要畫出這樣一條曲線，需要沿著頂部水平直線上的幾何數列之乘數 a，與沿著底部水平直線上的乘數 b（圖 10.25），使得

   $$\lambda = \frac{\log a}{\log b}$$

   如果我們讓 $a = 1.2$（可任意選擇）且 λ = 1.649，因此 b 可完全決定，將可得到 $b = 1.117$。

6. 我們要找的曲線所通過的 T 點處半徑 =23.738（許多芽苞的平均值）。要找出頂部與底部直線上的起始點，只要將 T 值加倍（$2 \times 23.738 = 47.476$），接著沿著頂部直線計算並標示出一個幾何數列，其乘數 $a = 1.2$（選擇的）；以及沿著底部直線計算並標示出一個幾何數列，其乘數 $b = 1.117$（如上計算）。

7. 路徑曲線為兩條直線旋轉的逐步交點，這兩條直線分別繞 X 點與 Y 點以相同的方向旋轉（圖 10.27）。此為這個平面映射到自身的變換，它根基於這個一點在無窮遠處，且兩直線垂直第三條鉛直線的特殊三角形。

---

1 譯按：參考圖 10.27，愛德華所引用的參數 λ 與直線 a 與直線 b 上的幾何（等比）數列之乘數（公比）有關，設 λ_1、λ_2 分別為直線 b 與直線 a 上的公比，$\lambda = \frac{\ln \lambda_2}{\ln \lambda_1}$，愛德華利用將高度八等分以及相似三角形的性質，將其轉換成只需測量與計算兩等分點間的半徑值即可。可參考 https://drum.lib.umd.edu/bitstream/handle/1903/13471/PathCurvesAndPlantCurves.pdf?sequence=1&isAllowed=y

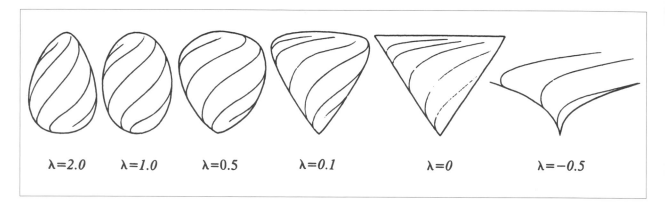

$\lambda=2.0$ $\lambda=1.0$ $\lambda=0.5$ $\lambda=0.1$ $\lambda=0$ $\lambda=-0.5$

圖 10.26 以 λ 值表達之形式的頻譜圖（摘自愛德華《生命的漩渦》）

　　我們要如何檢驗這個形式是否與路徑曲線吻合呢？這裡有 6 個芽苞，我們都採取相同的程序，再把結果平均。細節見前頁的計算說明。

　　愛德華發展出一個用來計算形式因子（the form factor）的方法，他稱之為 λ 值。這個方法收錄在《生命的漩渦》二〇〇六年版本的附錄三，在此不多做論述。然而，這個形式因子仍然可以用畫的來描述，圓鈍或尖銳的程度不一。這些小芽苞的輪廓線在頂部比較尖，而底部圓潤一些；頂部愈尖，底部就愈圓鈍。兩者是相關的，你不可能會看到一個蛋形（或芽苞形式）一端非常尖銳，另一端也趨於尖銳。愛德華證明了這種形式的 λ 值範圍從 +2 到 −0.5。

　　要畫出一條這樣的曲線，需要有一個沿著頂部水平直線的幾何數列，以及一個沿著底部水平直線的幾何數列。這兩個數列透過 λ 這個形式因子關聯起來。通過在兩側直線 X 或 Y 上的數列點，畫出一組組線束，可以給出一個網格，進而畫出曲線。（圖 10.27）。

　　這些數據點與路徑曲線上的點還算吻合。在這個研究中，真正引起我興趣的是相關性，亦即它將理念（*idea*）帶入現象（*phenomena*）之中。由於我來自工程背景，我覺得這一點非常重要。此處看到的是一種活生生的有機體，對應於由自主運動所得出的一種幾何結構。成長中的芽苞之輪廓線似乎是一個動力場（形式場）的一部分。事實上，這是愛德華在一九八二年時一本著作的書名，即後來修訂出版的《生命的漩渦》。

　　這些場域與魯伯特・雪爾德雷克（Rupert Sheldrake）所描述

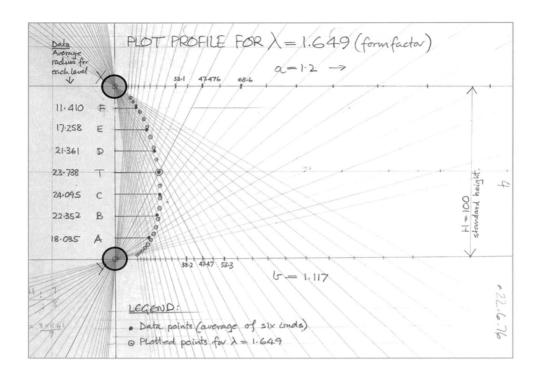

圖 10.27 畫出一個芽苞形狀的輪廓線

的**型態場**（morphic fields）類似。這些場集中在芽苞四周，但是延伸至整個平面，甚或貫穿整個空間。物質世界的產物，好比此例中的芽苞，僅僅表現出這個場域的一小部分，然而它們是由這個場域所決定，並且位在這個場域裡。這個場域不僅包含一個形式，還有其他相關的形式，這些形式均不相同，但是整體相關（圖 10.28）。而且，在每個畫出的曲線之間，還有無限多個其他曲線。

圖 10.28 在同一場域中的一些路徑曲線

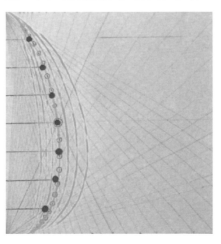

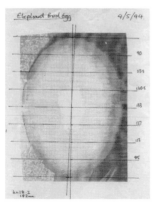

10.5 蛋形

　　這些形式有多普遍？還有其他有機體的結構遵循路徑曲線的形式嗎？我們的世界只有路徑曲線嗎？於是，我展開了探索之旅。

　　蛋的形式是完美的、和諧的，甚至是美麗的。它是空間中純粹的、連續的凸面形式。有各種尺寸與顏色的蛋。最近我手邊有一張鴕鳥蛋的照片與它的輪廓線圖，我對這顆蛋特別有興趣，因為它同時顯示了螺旋的線索（在第十四章會有更多論述）。它的輪廓線格外地吻合（圖 10.29，細小的紅色曲線），λ 值非常接近 1，亦即橢圓的 λ 值。

　　我在西澳博物館看見一顆大型的蛋，據說是象鳥（elephant bird）的蛋，象鳥數千年前在馬達加斯加便已絕種。兩顆象鳥蛋如何來到澳洲西海岸是有些故事的；其中一顆最近才被一個男孩發現，他把這顆蛋藏匿了一段時間，害怕它因為「科學之故」得離開他。幾經協商後，象鳥蛋最後終於展示在博物館內。它非常大，大約有 30 公分（1 呎）長，是我見過最大的鳥類的蛋，甚至恐龍蛋都比它小一些。這個蛋形也是一個相當好的路徑曲線，分析顯示平均的 λ 值為 1.072，標準差為 1.8%，由於 λ 值非常接近 1，它的形式幾乎是個橢圓。

圖 10.29　鴕鳥蛋顯示出吻合得相當好（尼克・湯瑪斯／約翰・威爾克斯〔John Wilkes〕）
圖 10.30　墨爾本博物館裡的象鳥蛋
圖 10.31　一張畫質非常不好的象鳥蛋上的數據點

圖 10.32　鴯鶓

　　它的 λ 值比 1 大。如果以另一種方式再作一次分析，得到的 λ 值會比 1 小（實際為 0.933，是 1.072 的倒數）。作完這些分析之後，我得到一個結論，亦即動物的蛋的形式應該是較尖銳的一端朝下，因此 λ 值介於 0 與 1 之間；而植物的形式則是較尖銳的一端朝上（如同大部分的芽苞），因此 λ 值介於 1 至無窮大之間。

　　另一種大型的鳥蛋是鴯鶓（emu）[2] 的蛋。鴯鶓為澳洲的原生種，是一種不能飛、站起來可像人一樣高，而且相當不友善的生物。牠的蛋有 13 公分長，黑中稍微帶點綠的顏色（常被磨去黑色外層，留下白色底層後供遊客裝飾）。分析顯示，這顆蛋有一條極佳的路徑曲線輪廓線，加權平均的 λ 值為 0.932；在端點附近較脆弱處會加重衡量。平均 λ 的偏差為 3.6%，平均半徑的偏差為 1.43%。

　　在澳洲，我們有兩種特殊的哺乳動物會產蛋，一是鴨嘴獸，一是針鼴。牠們是廣為人知的單孔目哺乳動物，一種是有毒的，另一種是多刺的。

　　我在坎培拉認識馬里文・葛里芬斯（Mervyn Griffiths）時，他已經做了許多關於針鼴的研究，出版過一些相關學術著作，也在澳洲政府成立的研究機構中工作了很多年。他剛好有一張這種

---

2 譯按：鴯鶓有時翻譯作澳洲鴕鳥。

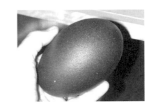

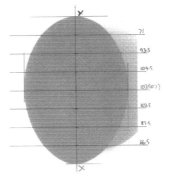

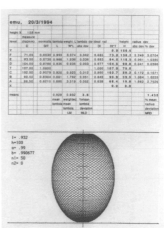

圖 10.33　鴯鶓蛋
圖 10.34　鴯鶓蛋的測量
圖 10.35　計算值

圖 10.36　針鼴，澳洲的卵生哺乳動物（Fir002/Flagstaffotos，在 GFDL 權限下複製）

圖 10.37 針鼴的蛋

小動物產蛋的照片,並且給了我一份複本。我很幸運,因為這些動物防禦性相當強,我不認為沒有專業協助,我會有機會拍到這樣的照片。

　　分析顯示 λ 值為 0.846,平均半徑的偏差為 1.83%,就一隻小針鼴而言並不差。

　　鴨嘴獸蛋的照片很難找到。最終我還是找到了一張圖片,有完整的蛋形,刊登在一篇由傑克・葛林(Jack Green)所撰

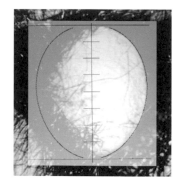

圖 10.38 針鼴蛋的吻合情形良好

圖 10.39 在昆士蘭布羅肯河中游泳的鴨嘴獸

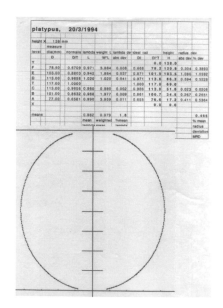

圖 10.40 鴨嘴獸蛋的計算

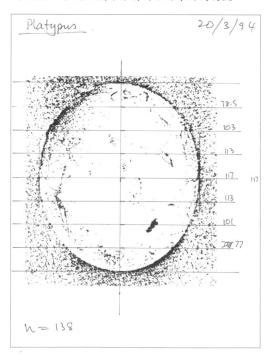

圖 10.41 鴨嘴獸蛋的重疊情形

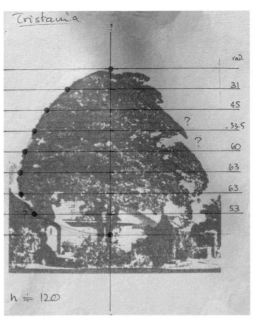

寫關於鴨嘴獸的文章內，發表於某一期的《澳洲地理雜誌》（*Australian Geographic magazine*）。這顆蛋的形狀幾乎是球形的，大約有 15mm 長；經放大、測量與分析，得到這顆蛋的 λ 值為 0.979，將理論的結果與實際的蛋作視覺上的重疊比較，兩者無甚差別。

圖 10.42　某種不知名的針葉樹之測量

圖 10.43　紅膠木的測量

10.6 樹的邊界線

我曾經好奇樹木的輪廓線或邊界線是否符合這個模式。我最

tristania,	20/3/1994								
height X	120 mm								
level	measure dia(mm)	normalis	lambda	weight L	lambda de	ideal rad		height	radius dev
	D	D/T	L	W*L	abs dev	DI	DI*T	H	abs dev % dev
Y							0.0	120.0	
F	31.00	0.5167	1.681	6.722	0.146	0.498	29.9	105.0	1.139　3.8158
E	45.00	0.7500	1.710	3.419	0.117	0.738	44.3	90.0	0.748　1.6903
D	53.50	0.8917	1.952	1.952	0.126	0.899	53.9	75.0	0.414　0.7688
T	60.00	1.0000				1.000	60.0	60.0	
C	63.00	1.0500	1.930	1.930	0.103	1.043	62.6	45.0	0.401　0.6404
B	63.00	1.0500	2.080	4.160	0.254	1.017	61.0	30.0	1.986　3.2547
A	53.00	0.8833	1.846	7.385	0.020	0.879	52.7	15.0	0.255　0.4832
X							0.0	0.0	
means		1.866	1.826	12.8					1.776
		mean	weighted	%mean					% mean
		lambda	mean	lambda					radius
			lambda	deviation					deviation
		LM	MLD						MRD

圖 10.44　紅膠木的數據計算

圖 10.45　理論（黃色形狀）與實際（在下面的紅點）的重疊比較

圖 10.46　二〇〇八年六月，十四年後的同一棵樹

圖 10.47　海膽 Amblyneustus pallidus 的分析

圖 10.48　Amblyneustus pallidus 的計算，以及用來表徵且非常近似的三維程式模型

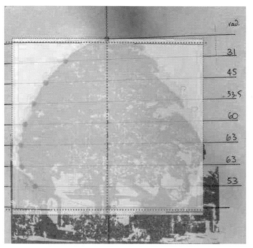

A. Pallidus　　20/3/94

76
100
114
104
121
121
112.5
91

h = 136 mm

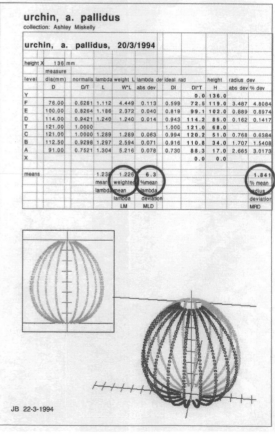

urchin, a. pallidus
collection: Ashley Miskelly

urchin, a. pallidus, 20/3/1994

height X	136 mm										
	measure										
level	dia(mm)	normalis	lambda	weight L	lambda de	ideal rad		height	radius dev		
	D	D/T	L	W*L	abs dev	DI	DI*T	H	abs dev	% dev
Y								0.0	136.0		
F	76.00	0.6281	1.112	4.449	0.113	0.599	72.5	119.0	3.487	4.8084
E	100.00	0.8264	1.186	2.372	0.040	0.819	99.1	102.0	0.889	0.8974
D	114.00	0.9421	1.240	1.240	0.014	0.943	114.2	85.0	0.162	0.1417
T	121.00	1.0000				1.000	121.0	68.0		
C	121.00	1.0000	1.289	1.289	0.063	0.994	120.2	51.0	0.768	0.6384
B	112.50	0.9298	1.297	2.594	0.071	0.916	110.8	34.0	1.707	1.5408
A	91.00	0.7521	1.304	5.216	0.078	0.730	88.3	17.0	2.665	3.0173
X								0.0	0.0		
means			1.23	1.226	6.3					1.841	
			mean lambda	weighted mean lambda	%mean lambda deviation					% mean radius deviation	
				lambda LM	MLD					MRD	

JB 22-3-1994

初檢驗的樣本之一，是郊區普遍可見的針葉樹的輪廓線。經過計算得出合理的結果，它的 λ 值為 1.67，但是平均 λ 偏差則相當高，有 16.2%。大家都知道很難估計樹木理想的輪廓線在哪裡。

　　從許多樹木的輪廓線來看，很容易讓人聯想到路徑曲線，而針葉樹也不算太差的例子。有一種在地的紅膠木（Tristania）或黃楊灌木（brush box），它們經年維持穩定的形式，似乎是進行路徑曲線比較的一個好選擇。分析之後得到 λ 的加權平均值為 1.826；接著畫出理想的輪廓線，然後與實際的輪廓線重疊比較，結果還可以接受。有些照片有點失真，因為是從舊文件中翻拍的；那是一九九四年的資料了，或許比較樹木十四年後的輪廓線會很有趣。儘管有點阻礙，但樹木本身的輪廓線並沒有太大不同。

10.7 海膽

　　我也研究過一種生物，就是海膽。在某次旅行中，我有幸遇見阿什利．米斯凱利，即《澳洲與印度洋海域的海膽》（*Sea Urchins of Australia and the Indo-Pacific*）一書的作者。他在海膽研究上非常卓越，他收集的海膽漂亮、潔淨且標註清楚。他准許我拍攝一些海膽外殼的照片（外殼本身，沒有那些刺）作為形式分析。我確實拍了很多照片，在此僅記錄兩個物種。

　　我應該提一下尼克．湯瑪斯（Nike Thomas），他是這方面研究的同僚，對此處所提的簡易路徑曲線分析有所疑慮。因為通常海膽在口器（底端）部位是重複彎曲的，因此整個形式不完全是真正的完全凸面。儘管我尊重這些疑慮，還是認為至少就表面而言，這些樣本形式確實可以呼應這樣的分析。

　　第一個樣本為 Amblyneustus pallidus，據其天生的方位（口器在下）得出的 λ 值比 1 還要大。計算得出 λ 值為 1.23，有 6% 的平均偏差。另一種則為雜色角孔海膽（Salmacis sphaeroides），得出的 λ 值為 1.486，但是 λ 偏差不是太好，儘管半徑的偏差只有 5.3%，不算太差。無論如何，這個外殼在視覺上看到的輪廓線，與經過計算與程式所得的輪廓線相當符合。當計算所得的輪廓線與實際輪廓線的圖片重疊比較時，吻合良好。

圖 10.49　雜色角孔海膽的分析
圖 10.50　計算雜色角孔海膽的輪廓路徑曲線（以其他曲線來標示海膽脊柱的生長）
圖 10.51　將計算的路徑重疊在雜色角孔海膽上

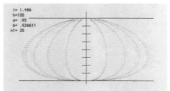

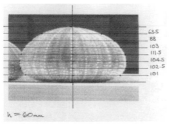

第十一章 凹路徑曲線

在幾何學和自然界中有兩種基本形態:凸狀與凹形。前一章檢驗了凸狀的蛋形或芽苞的輪廓特徵;它的相反則為凹形。在第9.2節的「空氣漩渦與水漩渦」(如愛德華所稱),我們已經做了部分檢視。在此先來看看空氣漩渦會出現在我們周遭何處。

11.1 草樹和棕櫚葉

草樹(grass tree)遍布整個澳洲,有不少種類。它們大多是單一分枝,但也可以有兩個,偶爾會有三個分枝。它們是一種看似非常簡單的植物,能存活很久。草樹的葉片從截面看是小的四邊形,由底部生長並呈扇形開展。我曾嘗試把一個漩渦場和一棵有著單一基部、被修剪過的草樹關聯起來(圖11.3)。它看起來好像被燒毀過,這在澳洲的荒野並不稀奇,不過它的基本形式仍是典型的輻射狀葉片。

圖11.1　草樹
圖11.2　草樹葉片基部截面(經歷林區火災之後)

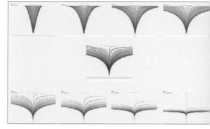

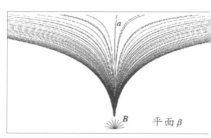

　　圖 11.4 是一連串 λ 值從 −0.1 經 −0.5 到 −0.9 的漩渦場。圖 11.5 是 λ = −0.5 的形式，其中 *a* 是中心線，*β* 為基準面，兩者相交於 *B* 點。接著由電腦將這些路徑曲線場與葉片相配對，看起來視覺上最佳吻合的 λ 值是 −0.5（圖 11.6）。這是一個不精確的曲線擬合練習，為了更接近上述結果，可能需要大量反覆試驗。水平線 *Z* 要假設在無窮遠處，而頂點 *B* 必須位於樹幹頂部中間，但很難精確定出頂點 *B* 的位置。

　　這是合理的配對嗎？確實在某些葉片上看起來很吻合。然而，它可能是一種全面性的進路。所以，我試圖更詳細地分析單一棕櫚葉片的曲線，因為葉片彎曲的莖條呈現出一條相當明確的曲線。我選定整株植物上的一個分枝，差不多是位於垂直我們觀察位置的平面上，並通過植物的中心軸線。一條曲線需要多少點才能確定它是一個函數？圓或拋物線由三點決定；芽苞的形狀需要四個點——頂部、底部和另外兩點。

　　首先，我估計棕櫚樹的中心線，這不太容易。當然，可以用視覺來估計，但透過計算的可信度更高。我假設所有的葉片大致上都有相同的形式因子（λ 值）；但實際上不可能如此，因為隨

平面 *β*

B?

圖 11.3　苗圃的草樹
圖 11.4　λ 值範圍從 −0.1 到 −0.9 的漩渦剖面
圖 11.5　λ 值為 −0.5 的漩渦
圖 11.6　漩渦形式重疊在草樹上

圖 11.7　棕櫚樹枝
圖 11.8　找到幾何測度以決定
中心線
圖 11.9　計算中心線
圖 11.10　找到基點 *B*

著時間推移形式會改變（愛德華對芽苞的研究已顯示這一點）。
但一開始，它是一個合理的近似值。這意味著可以假定植物每一
側的測度有相同的 λ 值，使得中心軸上的幾何測度是可計算的。

　　要這麼做，我們需要在兩條曲線上各取三個點，一條在左側，
一條在右側（圖 11.8）。任一個與過 *B* 點的基準面平行之水平
面，都會和連接這些（紅）點的直線相交。倘若左右兩側的形式
因子相同，那麼水平面上的測度就必須從同一點開始（在鉛直軸
a 上）。水平面上的數值將決定這個點的位置，如圖 11.9 所示。

　　採取類似的程序找到漩渦頂點的位置，*B* 點決定水平面 β 在
鉛直線上的位置（圖 11.10）。鉛直線 *a* 的位置似乎是合理的，
但 *B* 點位置遠低於我的預期。要通過紅點和 *B* 點繪製漩渦曲線，
我們需要取左手邊兩個較低的紅點，並找到水平和鉛直方向（兩
條紅色水平線和兩條紅色鉛直線）的乘數，將 *B* 點作為兩個幾何
測度的原點。

　　這裡給出兩個幾何尺度的測度：水平 2.238，鉛直 1.26（圖
11.11）。然後，將之疊放在棕櫚葉的圖片上。從一個已知點開始，

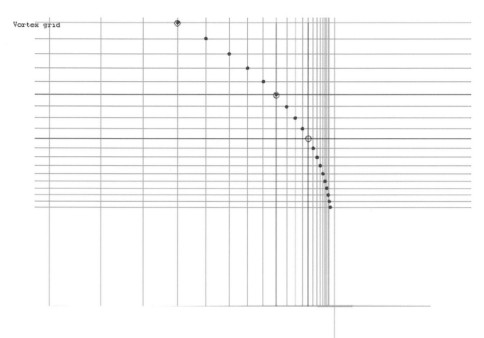

Vortex grid

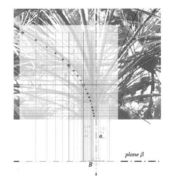

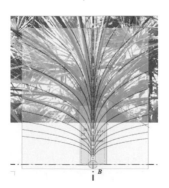

在連續成對的水平線和鉛直線上畫出漩渦的輪廓。選取左下方紅色的資料點，沿著這些矩形跨越移動，將點連接，就能創造出曲線。左邊手繪的曲線非常好，貼切地反映出底下的葉片，運用愛德華的方法可計算出 λ 值為 −0.714。

　　利用這個 λ 值可以畫出整個場域的曲線，從而產生一組依大小套疊在一起的漩渦。我用電腦畫出這個漩渦場，將它疊放在棕櫚樹上，看起來許多葉片不像我們在首枝莖上所作的那麼符合（圖 11.13）。這可能是因為假設所有的葉片都是相同的 λ 值所導致。為了更具可信度，顯然需要在更多植物上施作多次這樣的分析。無疑地，這些假設將隨著經驗逐步完善。

　　在植物形式的基本分枝結構中，我們發現了空氣漩渦的樣態。這樣的漩渦場能夠說明分枝和莖幹的成長嗎？尚需大量研究來驗證這一點。在更大尺度上，這樣的形式也可見於氣旋、颶風、颱風和水龍捲中。再一次，這是尚待進一步研究的廣闊領域。

圖 11.15　英國冬天的樹景，顯
示出兩種發展形式
圖 11.16　龍血樹

11.2 凹與凸的相互作用

　　芽苞的凸狀傾向與分枝的凹陷傾向，往往在自然界裡共同運
作著。龍血樹的樹冠、橡樹的輪廓和傘狀的桉樹都有合理且明確
的凸狀輪廓，但同時凹形、輻射的特點也能在分枝上看到。龍血
樹的樹冠結構緊密，分枝則在成長時持續倍增。

　　許多園丁會交替種植芽苞形式（橢圓形）和漩渦形式（鏢形）
的植物，這是某種特別的直覺嗎？老舊豪宅天花板壁帶上的經典
鏢形和橢圓形（或是卵形和舌狀）設計，又怎麼說呢？

　　我很驚訝發現凸起的芽形和凹陷的輻射這兩種基本形式，都
是相同路徑曲線場所固有的。我是透過愛德華的研究才了解到這
種關聯性。在圖 11.20 中，一點在無窮遠處，相對的直線與另外
兩條垂直。來自 X 的漩渦輪廓可以輕易地由 Y 提供。事實上，依
據場中的點如何加入，可以有許多不同的輪廓。這些曲線由射線
相交生成，所以總是能給出**兩組曲線**的可能性，取決於小矩形中
哪條對角線的加入。

圖 11.17　英國德文郡托特尼斯
（Totnes）一座花園裡依同樣間
隔方式種植不同植物

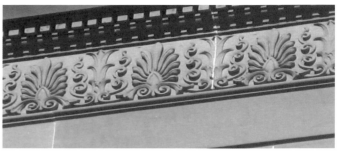

要注意的是，植物的外形或填滿植物的東西是有形，但使植物生長成如此的東西則是無形的，是那些**圍繞**植物且定義植物界限的曲線。認識無形之物（透過幾何學，透過理念）和認識可見之物（透過感官）同樣重要。你能想像是**真正的理念**（原型？）造出甘藍菜、甜菜根或是蘋果的嗎？

當三角形的一個頂點在無窮遠處，路徑曲線的輪廓會變成兩側對稱。我們可以在這個場中找到兩種類型的曲線——綠色凸狀和紅色凹形的輪廓（11.21）。差別在於每次跨越多少個小的四邊形，以及在哪個方向。（例如，紅色曲線是跨越兩條來自頂部的直線和一條來自底部的直線所組成。）

圖 11.18　沿著雪梨主要街道交替種植不同形式的植物

圖 11.19　雪梨新南威爾斯美術館簡潔典雅的正面，壁帶上有鏢形和橢圓形的設計

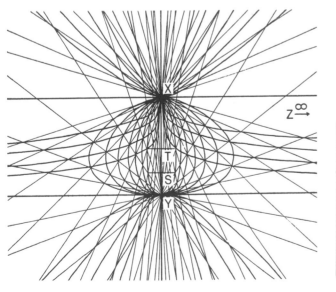

圖 11.20　相同場中產生的芽苞形式和漩渦形式（取自愛德華《生命的漩渦》）

圖 11.21　反向場的特殊例子，芽苞和漩渦形式並存

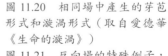

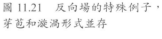

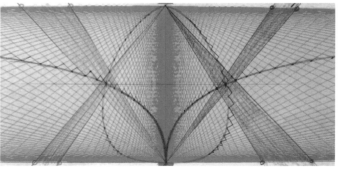

第十二章　礦物界的形式

12.1 全實四面體的場域

在第 9.3 節中，我們討論過最簡單的三維元素四面體，以及由它所產生的各種形式。儘管已做檢驗，但是到目前為止我們看的都是它空間形式的輪廓，亦即二維曲線。事實上，由四面體所產生的空間曲線是三維形式。我們就從一般常見的四面體開始，一個全實的四面體。

四面體有四個點（頂點）、六條線（邊）和四個面（表面）。我們可以想像由點、線或面所組成或定義的四面體。在第 3.4 節中，我們看到這些元素相互依存。

就像三角形一樣，我們讓直線在成長測度中進行變換。因此就四面體而言，我們有平面、點和線在成長測度中的變換。圖 12.2，藍色點沿著右邊的線移動進行成長測度，藍色平面會在線上向左邊擺動，這兩個動作是彼此連動的。兩條藍色的歪斜線不

圖 12.1　由點、線、面分別構成的四面體

圖 12.2　四面體中點和面在線上的移動

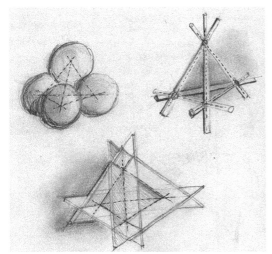

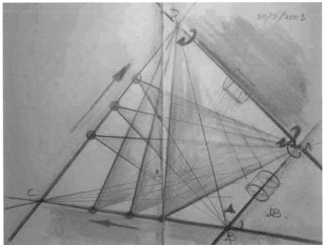

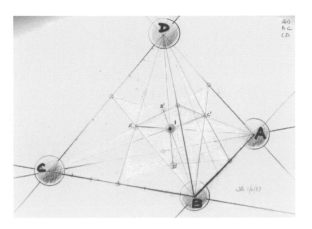

圖 12.3

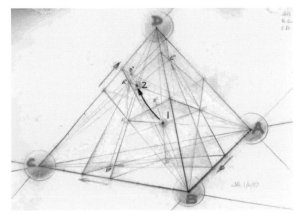

圖 12.4

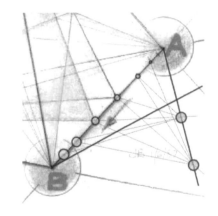

圖 12.5

能彼此作用，卻以一種相互關連的方式進行。繞著直線旋轉的平面總是連結到它的歪斜線上點的平移。

當空間在自身中作變換時，我們就得到了形式。在這裡，點、線、面三元組既沿著也圍繞著全部六條線律動。細節請參閱愛德華《生命的漩渦》的附錄二，我將在下面作圖中概括說明。

考慮一任意點 *1*，它可能位於四面體 *ABCD* 內某個位置（圖 12.3）。請注意，這一點可立即用直線與四面體的每個頂點 *A*、*B*、*C*、*D* 連接，同時也可用平面和三邊 *AB*、*BC*、*CD* 連接。

將點 *1* 移動到新的位置點 *2*（圖 12.4），這個動作使得剛剛提到的所有直線和平面也跟著移動（綠色箭頭），以保持原來的四面體不變。注意黃色平面和綠色直線的新位置，沿著四面體的三邊的所有點位置也確定下來。因為是完整的設定，在每種情況我們都能延拓其測度。

我們簡單地用兩個已知點和兩個固定點建立一個成長測度，例如 *A* 和 *B*（圖 12.5）。這是因為任意四點決定這樣的一個測度。

同樣地，我們也可以沿著四面體的另外兩邊，直線 *BC* 和 *CD*，繪製測度。現在整個移動確定，因為沿著也圍繞每個邊所採取的步驟，已經決定了其成長測度。這三個測度可以不同，但一旦設定後，這三個測度就由剩下的所有邊決定。現在我們在曲線上繪製盡可能多的點，圖 12.6 中就加了一些點。

在圖 12.7 中，強調了平面 *ABD* 上和平面 *BCD* 上的路徑曲線。來自 *A* 點的射線和平面 *BCD* 上的曲線的交集，是曲線 *0*、*1*、

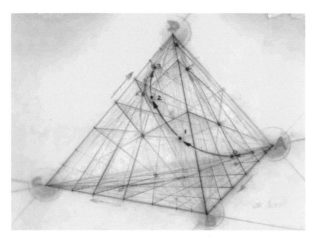
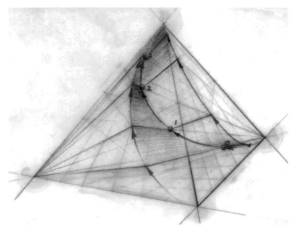

圖 12.6　在路徑曲線上添加點
圖 12.7　真實四面體內的路徑
曲線

2、3 必須經過的曲面之一。當然，整個曲線會延伸到四面體的外側，遠超過 A 和 D，橫越整個空間。儘管曲線的「內側」部分和「外側」部分都沒有到達 A 或 D。

　　這是全實四面體的一條路徑曲線，這條曲線可以獨立存在，也可視為整個曲線族——這些就是路徑曲面。我嘗試在圖 12.8 指出此點，雖然只顯示出四面體「內部」的曲線。

　　視覺化或繪圖並不容易。我發現做個正四面體的模型有助於確認。這六條線可以被想成是相互垂直的三對歪斜線（圖 12.9）。利用細鋼螺紋桿連接相對的邊。在一個早期的模型上（圖

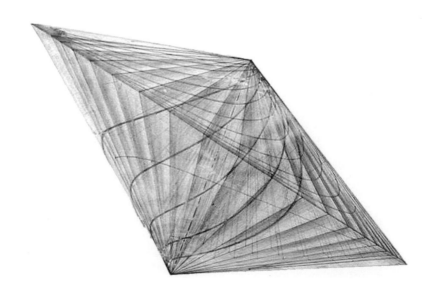

圖 12.8　在一個全實四面體內
的路徑曲面

（12.10），它們會產生些許的彎曲。所以下一個模型我就使用稍微粗些的鋼桿，模型的每個邊長度為 1 米（3 英尺）。為了固定整個系統的中心，我做了一個小木塊（約 35 毫米，1.5 平方英寸），所有的鋼桿都通過它（圖 12.11）。由於我不想切割這些桿件（以便維持強度和對齊），這些線（或桿件）會出現偏移量，折衷的方法就是取近似值。接下來的工作就是牢牢地固定外圍的四個頂點，這些接合點很複雜（圖 12.12）。

　　現在的任務是建構三個相互作用的平面。我簡單地沿著兩根桿子的每一根標記成長測度，用繩子或細線成對地穿越整個系統

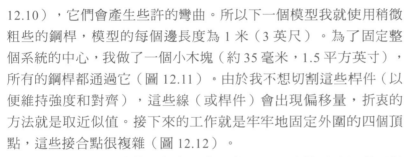

圖 12.9　兩條歪斜線和與之垂直的直線；形成正四面體的三對歪斜線之一
圖 12.10　正四面體的早期模型
圖 12.11　模型的中心木塊
圖 12.12　末端的接合點
圖 12.13　有一個細繩曲面的模型

圖 12.14　有三個不同顏色細繩曲面的模型

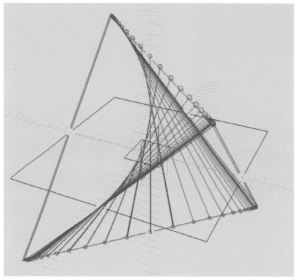

圖 12.15　一個直紋曲面（ruled surface）

圖 12.16　鞍面

圖 12.17　三個相互穿透的鞍面
圖 12.18　曲線相互垂直的中心

（圖 12.13 和 12.14）。儘管每根繩子都因繃緊而拉直，但路徑曲面看起來是彎曲的。事實上，它是同時具有凹性與凸性的雙重彎曲葉（doubly curved sheet），是一種固定在四面體上的對稱「鞍形」（saddle form），就像從四面體的四角展開的遮陽布或帳篷。圖 12.15 只顯示一個曲面，事實上有三個這樣的曲面。每個曲面都是由兩組直紋線所定義。為了強調曲面，我將紅絲帶編進網格中（圖 12.16）。在中心，在鞍形的中間，我們看見曲面趨向平坦化。再次注意，曲面所包含的直紋線來自四面體的四個邊，並非只是其中兩邊。

　　如果加入另兩個曲面（綠色和藍色），與紅色曲面垂直於中心，則會出現另一個不尋常的特徵：兩個曲面會扭轉與融合。它們在中間扭轉遠離彼此，在四面體的邊線上相互融合（圖 12.17）。我們從中心剛性三維的笛卡兒的（Cartesian）架構，通過三個相交的鞍形，來到正四面體的邊線上。

12.2 無限大的全實四面體

回過頭來看四面體中心的相交線，我們可以看到一個立方體狀（cube-like）的結構出現。這裡面有兩個四面體——在任何立方體皆如此。在此用紅色繩和綠色繩強調（圖 12.19）。然而，這個立方體狀結構不是一個立方體，形成頂面的繩或線沒有在同一個平面上（圖 12.20）。四面體變得愈大，這個面變得愈平坦，就愈像立方體。實際上，當四面體無限大時，它確實會變成立方體。

當四面體變得無限大時，有兩件事情會發生：從「中心」往外移動時，三條線會保持彼此垂直，並且沿著四面體無限長邊的成長測度會變成階段測度，以致於這些線顯現出矩形網格。圖 12.21 試圖呈現這一點。在中心，我們看見一個矩形稜柱，這樣一個實體可以在無限大的四面體中反覆出現。

同樣大小的重複形式類似於晶體結構。我們可以想像這個無限大四面體之射線的流動，這個流動來自四面體不同的邊，朝著不同方向而去，但是有著相似的律動。這裡會有一個場類似於自然界的駐波，規律的節點創造出與礦物、晶體世界相融合的結構。這顯然不是晶形（crystal form）物理學的解釋，但我們可以感覺到晶體結構與源自無限大全實四面體的場之間，在特徵上有一定的相似性。

圖 12.19 中心立方體內有兩個四面體
圖 12.20 中心立方體實際上不是立方體
圖 12.21 無限大四面體的路徑曲面

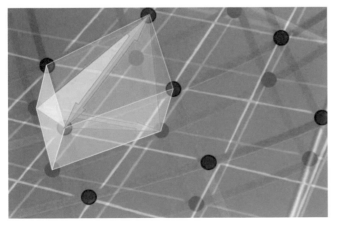

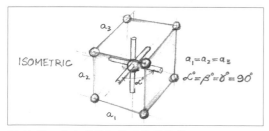

圖 12.22　立方或等軸晶系晶體結構

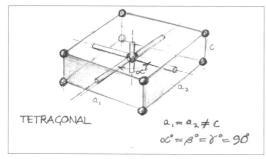

圖 12.23　四方晶系晶體結構

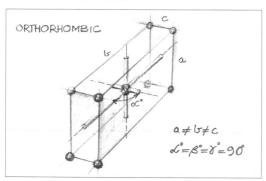

圖 12.24　斜方晶系晶體結構

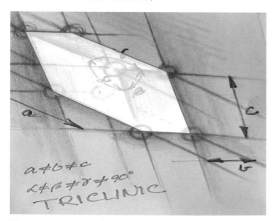

圖 12.25　三斜晶系晶體結構

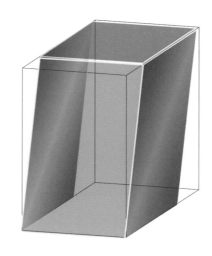

圖 12.26　單斜晶系晶體結構

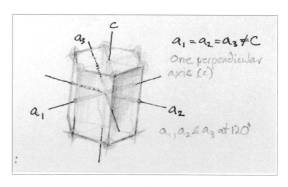

圖 12.27　六方晶系晶體結構

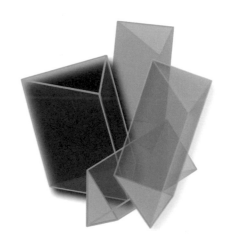

圖 12.28　三方晶系晶體結構

12.3 晶體結構

　　有六或七種晶系──差別來自六方晶系（hexagonal）和三方晶系（trigonal）非常相似，所以有些權威學者將它們歸成同一體系。前三種基於直角，也就是說它們的軸線都是相互垂直的。它們分別是立方晶系（cubic）或等軸晶系（isometric）、四方晶系（tetragonal）和斜方晶系（orthorhombic）。不同之處在於邊長的變化。等軸晶系是所有邊長都相等（圖 12.22）；四方晶系為兩邊相等，第三邊可以大於或小於這兩邊（圖 12.23）；斜方晶系則是三邊長度均不同（圖 12.24）。

　　另一種體系是三斜晶系（triclinic）（圖 12.25），相鄰的邊不相等，角度不相等，也不是直角。這是最常見的情況（而等軸晶系則是最規律的）。單斜晶系（monoclinic）則是相鄰邊不等，兩個底角為直角，但第三邊不垂直底面（圖 12.26），大多數的晶體都是單斜晶系。最後兩個體系是六方晶系和三方晶系。基本上六方晶系有一個六次對稱的中心軸，而三方晶系則有一個三次對稱的中心軸（圖 12.27 和 12.28）。

　　一七八四年，法國現代晶體學之父阿貝・阿羽依（Abbé Haüy）主張這些形式的外在規律性「是基於微觀（原子和分子）層次的對稱性」，所以無論特定的晶體所顯現的外表如何，它仍然是由相同的單元晶胞（unit cells）所組成，只是簡單地重複它們自己。然而，令人驚訝的是，我們稱之為晶體的聚合體，通常具有可清楚識別為特定材料的巨觀形式，堆疊本身並不能完全解釋整體形式。

　　無限大的四面體在某種意義上可以是立方體和長方稜柱體形式的基礎。這種形式的平面和四面體的六條無限長的邊有關，如我們所見，這些邊上的成長測度轉變成等長的階段測度。

　　這個結構有很多例子，例如食鹽。而我最喜歡的是黃鐵礦，俗稱「愚人金」。礦物可以形成最完美的立方體和長方稜柱體。螢石、石榴石、方鉛礦等多為立方體，但大自然的力量會將螢石裂解成不同形式，例如八面體。立方體單元晶胞的木塊模型顯示了如何堆疊出一個八面體──明顯不同於立方體的形式。

　　這些單元晶胞可以建立的另一種形式，是菱形十二面體。石榴石常符合這種形式。立方晶體形式另一個好例子是硫化鉛或方

圖 12.29 和 12.30　黃鐵礦晶體
圖 12.31　螢石裂解成八面體

鉛礦。這裡的樣品就像一個立方體磚砌成的小小景觀。這種材料很容易分解，並且留下多個矩形表面。

四方晶系（只有兩邊長度相同，且所有角度都是直角）不同於等軸晶系，因為無限大四面體的律動只有兩種是相同的。這種結構的例子包括了金紅石、錫石和符山石。

在斜方晶系中，邊長都不相等，但所有角度仍然是直角。在大四面體相對的歪斜線對上會有三個不同的階段測度，這種結構的例子包括重晶石和橄欖石。

想像無限大的四面體時，我們忽略了路徑曲面一個奇異的特徵，就是它們的方向。隨著四面體的成長，彎曲的鞍形表面變得愈來愈平，直到四面體無限大時，變得完全平坦。但這些平坦平面相連的線相互垂直，所以這些表面實際上必須從四面體的一邊扭轉 90° 到另一邊，但它們仍然保持平坦。現在，這裡有一個扭轉！

圖 12.32　由立方體組成的八面體；圖 12.33　菱形十二面體的玻璃模型（克莉斯特爾·波斯特）
圖 12.34　石榴石；圖 12.35　方鉛礦（硫化鉛）

單斜晶系只有兩個軸直角,第三個軸則是其他角度。例子包括石膏、綠簾石、斜長石、雲母、正長石和鎂鈾雲母。三斜晶系所有的角度都不同,並且沒有直角。只有7％的晶體形式符合這種結構,包括藍晶石、斧石、微斜長石、矽灰石和薔薇輝石。它不再是正四面體。

剩下的兩種形式與四面體基礎有什麼關係讓我困惑,這可能意味著它們根本不存在。但石英是六方晶系結構一個很好的例子,而三方晶系結構在大自然中類似六方晶系,也有一個讓人驚奇的例子,就是電氣石。

圖 12.36 正長石,單斜晶系結構(查普曼收藏,雪梨澳洲博物館)

圖 12.37 鎂鈾雲母,單斜晶系結構(查普曼收藏,雪梨澳洲博物館)

圖 12.38 微斜長石,三斜晶系結構(查普曼收藏,雪梨澳洲博物館)

圖 12.39 煙石英,六方晶系結構

圖 12.40 電氣石,三方晶系結構

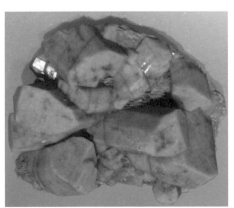

第十三章　植物界的形式

13.1 半虛四面體

在第十章中，我們看到植物界（以及動物界的某些面向）呈現出與路徑曲線的一致性。這是愛德華早期研究的重點，他繼續將這種幾何方法應用在空間中的形式。形成這些形式所需要的四面體是半虛四面體，並非前一章所看的全實四面體。我們在第 9.2 節曾檢視過這個半虛四面體的例子。半虛四面體有兩條實線（一條鉛直線和一條在無窮遠處的水平線），以及兩個實點（在鉛直

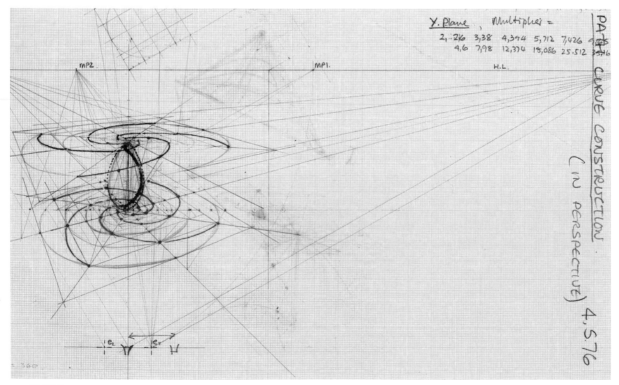

圖 13.1

線上）。其餘的元素（四個平面中的兩個、四個點中的兩個和六條線中的四條）都是虛構的；也就是說，由運動而得。

在鉛直線上，實線的元素是成長測度，而非我們在無限大四面體上同等大小的階段測度，但在無窮遠的線上的相同測度，是由於等角圍繞在地的鉛直實線所致。這些律動的變化決定了點、線、面三元組的行為，建構起自然界中我們感興趣的形式場的路徑曲線。

如前述，一九七六年愛德華在澳洲時，我開始了這個研究。基於工程背景，我想知道是否有可能找到一個能夠處理生物曲線的系統。我仍保留當時為這個特殊四面體所畫的第一張路徑曲線透視圖（圖 13.1）。這是從最容易處理的逐點面向開始繪製。要注意的是，頂部平面（藍色螺線）和底部平面（紅色螺線）的兩組路徑曲線朝相反方向旋轉；藍色順時針旋轉，紅色逆時針旋轉（參見第十章與圖 10.18 和圖 10.19）。這些場適合通過上下兩點以及無窮遠線的平面。

建立這個四面體後，我們現在可以在兩個平面中運用這些場中的兩個，這兩個場之間的距離是任意的，並以相反方向繞著鉛直實軸旋轉。圖 13.2 把一個藍色的螺線放在上部平面，一個紅色螺旋放在下部平面。從上往下看，兩個都是順時針方向。這兩條曲線是點／線對作用的結果（過程可參見第八章，圖 8.20）。下一步是讓下方的紅色螺線反方向旋轉，並乘上這些方向上的螺線數量（圖 13.3）。

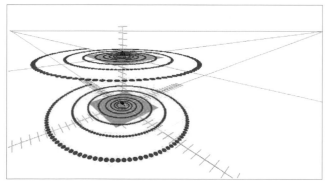

圖 13.2

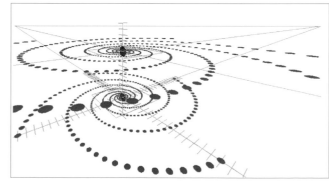

圖 13.3

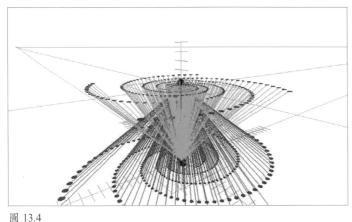

圖 13.4

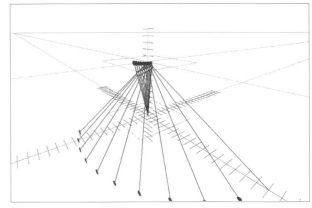

圖 13.5

　　在兩個實點間會形成直線（和平面）的螺旋錐線。一開始繪製時幾乎看不出來，但圖 13.4 清楚展現了這一點。在這裡，我們有兩個平面上的二維螺線，以及兩個點上的螺線，這當然也是二維的。現在，我們可以看到這些元素如何相互作用。

　　如同最初繪圖只有一條路徑曲線，我設定電腦只繪製一條曲線。為此，我在頂部平面只用一個螺線，在底部平面也只用一個螺線，以及在兩個定點上的對應部分。檢視曲線的方法之一是觀察圓錐上的直線是否相交，如圖 13.5 所示，我們標記直線對的交點路徑（黃色點）。可能的路徑有許多條，這是其中一條的一部分。這條曲線持續圍繞中心鉛直線（圖 13.6 到 13.8）。

　　最初我只畫了四組螺線。這個有著四種或其他更多空間曲線的東西看起來像什麼呢？簡單的程式產生出圖 13.9，顯示繞著中

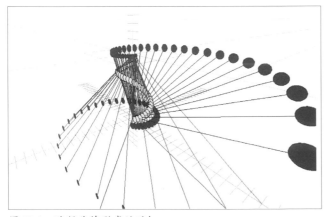

圖 13.6　路徑曲線形式的延拓

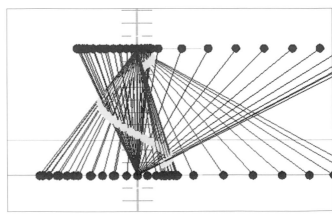

圖 13.7　側視圖

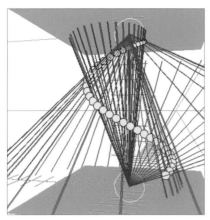
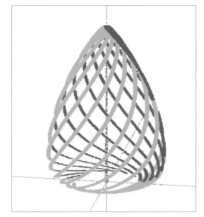

心垂直線位移的 15 條相同曲線，這些曲線繞著軸掃出一個蛋形的體積。從上方往下看，它在各水平面上的橫截面都是圓形。植物界主要展現的都是這樣的圓形水平截面。這些橫截面只是 S 形曲線旋轉的一部分嗎？是一條旋轉的路徑曲線嗎？

13.2 λ、ε 和節點律動

如同我們在第 10.4 節所見，蛋形或芽苞的整體形式可能會有所不同。愛德華用 λ 作為描述這些形式的因子。圖 13.12 所展示的，是由空間中的螺線旋轉產生的形式，而非先前透過任意的水平截面所產生。

另一個因子是曲線斜率變化的方式。愛德華稱之為 ε（epsilon），ε 值的範圍從零（曲線只是繞圈，沒有傾斜的形式）到無窮大（曲線只是向上或向下）。在植物界中，我沒有遇過 ε 為零的情形，也只有在海膽上見過垂直的情形（當然植物幾乎不可能）。植物界表現出從零到無窮大之間幾乎所有可能的值。對於 ε 值，曲線可以沿任何方向前進。

圖 13.8 相交錐線的特寫
圖 13.9 多條路徑曲線
圖 13.10 蛋形路徑曲線（奧利夫·威徹爾〔Olive Whicher〕，〈太陽與地球間的植物〉〔Plant between Sun and Earth〕）
圖 13.11 我在研究初期所製作的彩色玻璃

圖 13.12 λ 值變化（從左邊開始：0.5、1.5、5.0）
圖 13.13 ε 值變化（從非常高到幾乎接近 0）

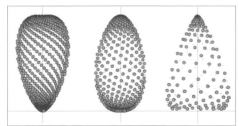
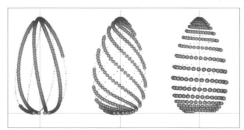

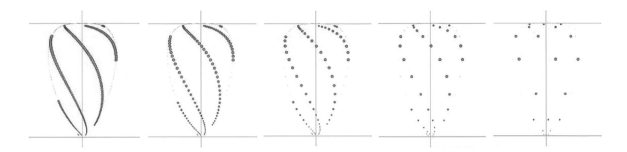

圖 13.14　節點律動或沿螺旋曲
線的測度（從 20 到 320）

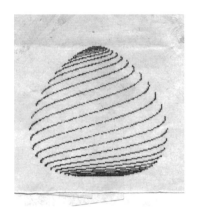

圖 13.15　一九八二年愛德華所
作的電腦繪圖
圖 13.16　卡西歐手持計算機的
早期電腦繪圖

　　還有另一個因子可以改變，我稱之為節點律動（nodal
rhythm），雖然它可能更適合被稱為沿螺旋曲線上的測度。這代
表著節點在曲線上的速度或是步進的方式。對我來說，它們代表
無窮遠處和在地之間的脈動，反映出一蹴可幾或遙遠距離。在圖
13.14 中，這些節點所在的曲線完全相同。

　　這些選項大自然似乎全用上了，所以我們若是想要分析一個
自然的工藝製品，使用電腦是有幫助的。這意味著要用代數形式
定義曲線，這樣才能編寫程式，大幅提升分析的速度。一九七〇
年代早期，愛德華仍使用計算尺或對數表進行計算。一九八二年
時，他獲贈一台電腦，寄給我一幅用電腦畫的芽苞原型小圖，如
圖 13.15 所示。這激勵我嘗試類似的東西。當時我只買得起手持
式卡西歐可編程的計算機，外型看起來陽春，但畫出來的曲線相
當精細。

13.3 植物形態

　　現在的挑戰是，測試這些優雅的幾何形式是否與可見的物理現象相符；不僅是第十章討論過的輪廓，還有三維空間中的形式。在這方面愛德華已經做了一輩子的研究，所以我的探索有一部分是為了親自證實，可能的話再往前推進一些。

　　在林間散步時，我發現鼓槌花（Drumstick flower）的頭狀花序（圖 13.17）。這小小的頭狀花序看起來就像凸路徑曲線的輪廓，所以我開始計算兩個方向上的螺旋曲線。它有 21 條順時針螺線和 13 條逆時針螺線（圖 13.18）。這些當然是連續的斐波那契數，這在植物界非常普遍，且被廣泛描述（丘吉〔Church〕、葛曼、庫克等人），但沒有真正做出解釋。接著，我執行一個路徑曲線程式繪出螺線圖，然後和實際的頭狀花序配對。就第一次進行關聯性評估來說，雖然不夠完美，但輪廓和螺線的形狀都讓人相當滿意。

　　就帝王花的花苞來說，我想知道是否能放上一條路徑曲線，通過芽苞頂端，並位在能給出相同輪廓的**兩條螺線**上。所以，我寫了一個簡單的程式，可以在芽苞端點間的任意曲線上取得兩點，並能描繪一條路徑曲線通過這四個點。這四個點完全決定了這條曲線。分別繪製一條逆時針曲線（紅色），以及一條順時針曲線（綠色），給出兩個輪廓（圖 13.20）。讓我驚訝的是，這

圖 13.17　鼓槌花的頭狀花序，鼓槌木屬

圖 13.18　鼓槌花的分析所顯示的兩條螺線（上部）、組合的螺線和實際的鼓槌花（下部）

圖 13.19　帝王花的花苞

圖 13.20　帝王花的分析，e 是 ε 值，而 l 是 λ 值

圖 13.21　λ 值為 6 的一般圖形

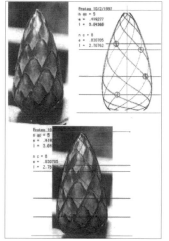

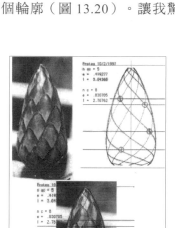

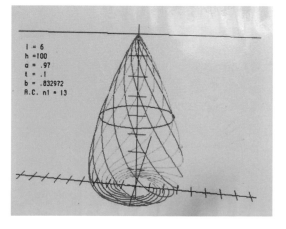

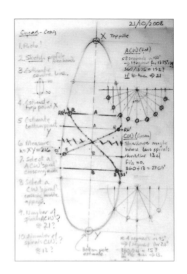

圖 13.22　蘇鐵雄花錐體
圖 13.23　描圖紙上的初步分析
圖 13.24　過程

圖 13.25　逆時針螺線的數據表
圖 13.26　順時針螺線的數據表
圖 13.27　蘇鐵和路徑曲線疊合

兩個輪廓重疊時如此相近，差距不到一毫米。這是原始作品的舊複本，有些地方不是很清楚。

　　顯然為了更具說服力，需要分析更多的芽苞，但那時我沒有時間也沒興趣這麼做。

　　澳洲有許多的蘇鐵，其雄花的錐體讓人不禁想測量看看。要進行我常用的分析程序，首先得拍照（圖 13.22），然後用鉛筆在描圖紙上描繪一個大概的輪廓（圖 13.23），接著在選定的逆時針螺線上（紅色）取兩點，在順時針螺線上（綠色）取兩點。選擇的螺線都在錐體的中段（圖 13.24）。記錄數據（圖 13.25

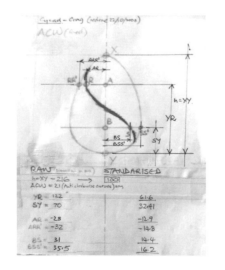

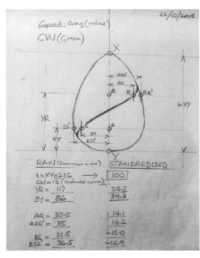

和圖 13.26）。現在，比較程式所畫出的圖和真實的錐體（圖
13.27），重疊顯示在中段區域有良好的對應關係。一般而言，
我只畫出全部高度的五分之四作為端點，因為當幾何學走向無
限大時，自然界不能也無法跟隨。中間螺線的特寫顯示，並不
是所有的種子點都精準對齊，但總體上有很好的對應關係（圖
13.28）。我們無法期待精準度不變，因為植物是在不斷變化的環
境中生長。

圖 13.28　中段區域的特寫

　　我的另一個嘗試是小小的疣仙人掌（Mammillaria）（圖
13.29）。從上往下看，我畫出不同方向的螺線（圖 13.30 和

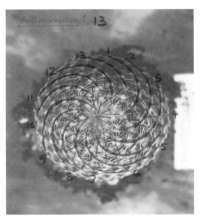

13.31），逆時針曲線有 13 圈，順時針曲線有 21 圈。這給了程式
基本輸入的值，剩下的數據就來自照片的測量。結果如圖 13.32
所示。因為斜率的緣故，這曲線相當吻合一條曲線上的尖狀節點。
但這看似合理的數字計算卻不適用於其他曲線的實際節點。我對
此感到疑惑，但無論如何還是將它記錄下來。然而，單獨被確定
的輪廓（只有 X 和 Y 的假設位置是共同的）沒有太大的差異，如
圖 13.33 中的紅色和綠色輪廓所示。

圖 13.29　疣仙人掌
圖 13.30　順時針螺線
圖 13.31　逆時針螺線

圖 13.32　疣仙人掌的分析
圖 13.33　疣仙人掌的輪廓

　　分析的第一步是決定使用哪條螺線。有
幾種可能，而我通常選擇設定連接四個最近
節點的四邊形要是最小且最接近正方形。我
的第一個例子是鳳梨，如圖 13.34 所示。圖
13.35 則是另一種選擇。按照通常的程序，
結果如圖 13.36 所示。到目前為止，我只能
符合任意曲線上的兩個點。（必須有人寫一

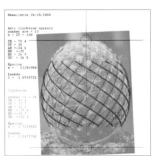
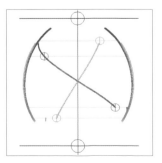

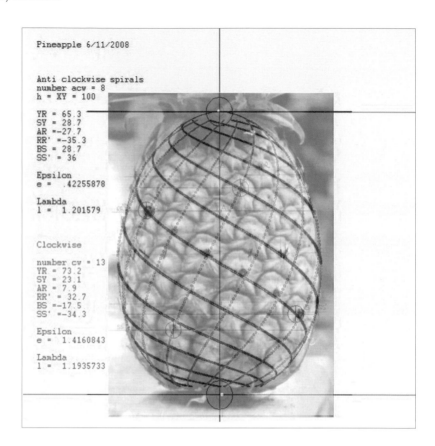

```
Pineapple 6/11/2008

Anti clockwise spirals
number acw = 8
h = XY = 100

YR = 65.3
SY = 28.7
AR =-27.7
RR' =-35.3
BS = 28.7
SS' = 36

Epsilon
e = .42255878

Lambda
l = 1.201579


Clockwise

number cw = 13
YR = 73.2
SY = 23.1
AR = 7.9
RR' = 32.7
BS =-17.5
SS' =-34.3

Epsilon
e = 1.4160843

Lambda
l = 1.1935733
```

圖 13.34　鳳梨四邊形的選擇
圖 13.35　四邊形的另一種選擇
圖 13.36　鳳梨和路徑曲線疊
合。其中 λ 值為 1.2 和 1.19，ε
值為 0.42 和 1.42

圖 13.37　澳洲光頜松球魚（魯
迪・庫特）

個更能符合這些點的程式。）再一次，這是整個形式中間三分之
二的部分，無論輪廓和路徑曲線都會通過種子中心，與真實的鳳
梨最相符，和上下兩極的對應逐漸消失。在中間區域，我們看到
沿著曲線節點的律動，以及圍繞中心的曲線數量。又是兩個連續
的斐波那契數：8（逆時針）和 13（順時針）。

　　另外，有一種有著尖刺的澳洲魚類，叫做澳洲光頜松球魚
（Cleidopus gloria）。我連繫了《澳洲海水魚指南》（Guide
to Sea Fishes of Australia）的作者兼攝影師魯迪・庫特（Rudie
Kuiter），他好心地寄了幾張非常棒的照片給我。出於好奇，我
想知道這條小魚與分析的對應關係。我們必須假設魚體的橫截面
是圓形的，這當然不適用於大多數魚的情形。我們需要定義端點，
這也是困難的事。經過例行的程序後，結果顯示牠的輪廓清楚。
同樣明顯的是，螺旋曲線只在極少數的曲線上粗略地與中心相符
（圖 13.38）。尺度本身是另一個問題，這完全在意料之中，但

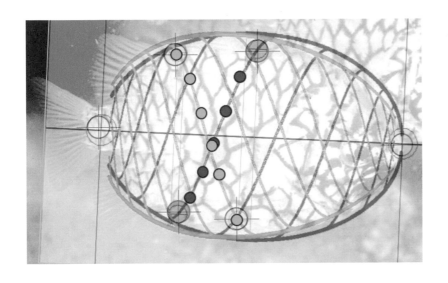

圖 13.38　澳洲光頜松球魚和路徑曲線疊合

圖 13.39　眼蟲的分析
（《數學物理通訊》，第 19 期，一九九七年復活節）

值得嘗試。

　　為了說明一些微觀的例子，《數學物理通訊》（*Mathematics Physics Correspondence*）的編輯史蒂芬‧艾本哈特（Stephen Eberhart），分析了顯微鏡可見的單細胞植物／動物[1]眼蟲（Euglena）的螺線，得到 λ 值為 1.75，誤差值為 15%。

　　主要生活於半鹹水的植物 Lychnothamunus barbatus[2]，有著微小的子實體。彼得‧格拉斯比（Peter Glasby）研究的主題正是它的藏卵器化石（圖 13.40），他的研究引起我的注意。它們毫無疑問展示出一條路徑曲線，但曲線只有逆時針方向。（在泥盆紀之前，它們朝相反方向盤旋。）它們只有約 1 毫米（1/25 吋）長，但有明確的結構。再一次，我們發現它們長度中間的三分之二，有一個很好的配對。繪製的曲線（確定為脊線底部的螺旋曲線）與真實情況非常吻合。

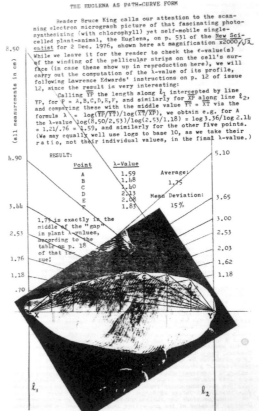

---

1 譯按：眼蟲為單細胞生物，既不是植物，也不是動物。

2 譯按：藻類的一種。

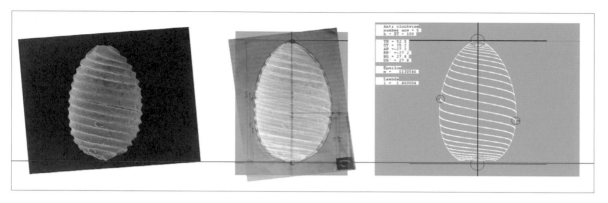

圖 13.40 藏卵器化石（Lychno-
thamunus barbatus）
圖 13.41 分割圖像對比更清
楚：左邊是實際的藏卵器化石，
右邊顯示的是理論的螺線（基
本圖像：阿德麗娜·加西亞
〔Adriana Garcia〕，伍倫貢大學
〔University of Wollongong〕）

到目前為止，我們所描繪的形式有著尖銳的頂端和圓鈍的底
部。然而，有些相反的例子，特別是許多在開花階段的花卉形式。
看看帝王花的花瓣尖端，我們再次假定一對連續的斐波那契數符
合它的情況，在這裡是 8 個逆時針螺線（陡峭傾斜）和 5 個順時
針螺線（圖 13.43）。當我們以另一種方法呈現這個形式，λ 值
為 0.61，小於 1。靠近兩端的配對再次不理想，但在中間區域（標
記為小黑點）則非常靠近真實花瓣尖端。

下一個例子，我們看到一個頂端綻放的花朵，只有下面的部
分呈現芽的形狀。為了分析這個例子，我們必須想像在物理空間
中有一個最高點。這朵無法辨認的花來自澳洲西部，多年前我曾
估計並繪製它的輪廓（圖 13.45），但那時我還沒找到方法檢驗
花瓣曲線的位置。現在，在分析螺線時，我們可以看到即使曲線
沒有剛好通過標記點，它們幾乎有相同的斜率，逆時針（紅色）
和順時針（綠色）皆然（圖 13.46）。

圖 13.42 帝王花
圖 13.43 選擇螺線的關鍵點
圖 13.44 帝王花的螺線

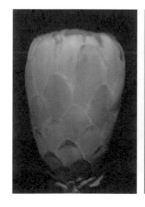

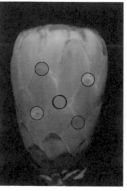

13.4 形態場

　　令人驚訝的是，自然界有如此多的例子遵循這種幾何學，彷彿是這個空間和其對立空間的交會，[3] 真實與想像的交會，產生了植物世界的形態場。這些場域可能跟雪爾德雷克的形態場很像，理論上有著非常廣大範圍，並且和數不清的其他場互動。如圖 13.47 所示，中心的「芽苞」只是整個結構的一小部分。我們看到一條曲線，但同一個場中可以畫出任意多條同一曲線族的曲線。平行線上方和下方的兩條曲線，實際上是通過無窮遠點的同一條曲線。（或許不容易想像，但就幾何學來說是簡單的。）

3 原注：請參閱尼克・湯瑪斯（Nick Thomas）、路易斯・洛赫爾恩斯特（Louis Locher-Ernst）和喬治・亞當斯（George Adams）的書。

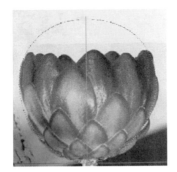

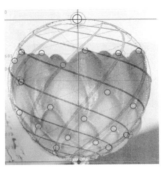

圖 13.45　一朵綻開的花
圖 13.46　與路徑曲線的疊合

圖 13.47　芽苞的輪廓結構
圖 13.48　單一路徑曲線表面的素描

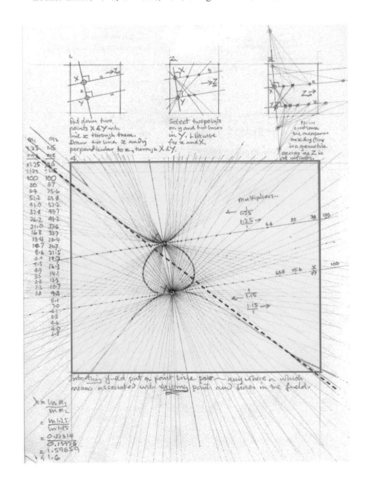

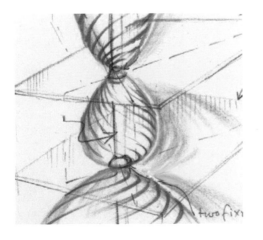

圖 13.49　芽苞綻放的序列

空間中（不是只在一個平面上），這個場幾乎是不可能畫出來的——圖 13.48，我只畫出這樣一個空間場的一個表面。

當然，隨著植物的生長，它會發生變化。當花苞綻開時，儘管可見的部分變得更大，但整體形式中也愈來愈多部分變得不可見（圖 13.49）。近來的研究顯示這樣的變化是有跡可循的，而且形式因子 λ 值，也許還有 ε 值，也改變了。下面是對這種變化形式的初步探索。

13.5 芽苞隨著時間的轉變

我們都很熟悉花朵的綻開和閉合，即使常常沒有多加留意。這種簡單的開合是植物形式變化的明顯證據。這種變化可以被理解為一種明確的轉變嗎？

愛德華用橡樹和山毛櫸等等植物的芽苞來觀察這些變化。有一天他檢視過去的觀察，發現 λ 值有輕微的變化。在六個月的休眠期間，橡樹的芽苞會有略微的變動，一直到樹葉突然迸發生長。在最初的幾個月裡，芽苞會逐漸變大，然後穩定下來，幾乎固定了尺寸，但並非一個恆定的形式。在這幾個月裡，λ 值的微小變化透露著一種脈動。每隔十四天左右，λ 值就會短暫的微幅下降。這意味著芽苞的輪廓變得略微像橢圓形，也就是說，頂端的銳利度會稍稍減少。所以，在這段時間間隔內，我們會看到它在相對週期裡趨於變小。愛德華在《生命的漩渦》和一些補充材料中寫到了這一點。

橡樹芽似乎以兩個星期為節奏規律地變動，大約每兩週 λ 值就會下降。愛德華認為這個律動與月球和火星的合（conjunction）與衝（opposition）的時間（大約每兩週）有關。每個小橡樹芽隨

隨著月亮和火星，跳著十四天的小小舞蹈。乍看之下，這似乎令人驚訝，但是當我們考慮到圍繞每個芽苞的幾何場可以延伸到無窮遠而將火星包圍，也許就不會那麼難以置信了。然而這些年來有一個顯著的轉變，使得狀況變得比簡單的樹芽對應星球更為複雜。格蘭姆·卡爾德伍德（Graham Calderwood）在《生命的漩渦》二〇〇六年的版本做了闡述。

在澳洲，夏櫟橡樹（Quercus robur）是一種從歐洲引進來的野生植物。我拍攝了附近一棵大夏櫟橡樹的芽苞，這棵樹的位置是緯度 33.35° 和經度 151.1°；這可能重要，也可能不重要，但仍先記錄下來，以防萬一這個現象和經緯度有關。

為了拍攝芽苞，我移除了幾片非常靠近芽苞的葉子，小心地不要過度干擾樹的力量與生命力。芽苞非常小，從一月到八月（南部的夏季和秋季），它們長度的變化從 5 毫米到 7 毫米（$\frac{1}{5}$ 到 $\frac{1}{4}$ 吋）不等。我通常選擇那些在低處、容易接近的樹枝末端上的芽苞。

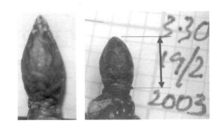

我每年至少選取三個芽苞，無論天氣如何，每天拍攝芽苞照片，並記錄下時間（下午三點三十分）、日期（二〇〇三年二月十九日）。我通常在中午到下午四點三十分之間拍照；我認為實際的時間不是太重要，但仍有待驗證。相機設置為光圈 f/8 和快門速度 1/60 秒，芽苞被插在離相機鏡頭前方約 150 毫米（6 吋）的小孔中（圖 13.53 中的箭頭）。我仍然使用 100 ASA 富士彩色底片，黑白底片對於芽苞的輪廓是足夠的，但可能當未來要探究其他面向時，無法回溯製作數據。但目前我們只針對芽苞的輪廓。

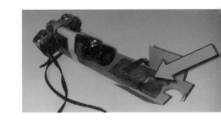

沖洗完成後，我把照片寄給在蘇格蘭的格蘭姆·卡爾德伍德進行分析。格蘭姆已經發展出一些優秀的軟體來分析芽苞（和其他相關）的輪廓。[4] 程式在游標勾畫橡樹芽苞的輪廓後給出 λ 值，並且也給出誤差的程度。在檢查每天的數據並經過幾個月之後，λ 值的變化可以列成一張圖表。λ 值變化不大，但有一個明顯的律動變化。圖表（圖 13.55）顯示了週期的變化，可惜橡樹芽苞沒有展現出對火星的忠誠！有段時間，它似乎和土星或木星的規律有關，然後轉向金星。顯然還需要做更多的研究，才能得出

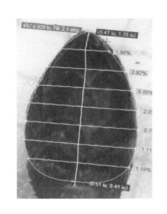

---

4 原注：格蘭姆·卡爾德伍德的程式稱為 Bud Workshop，可以從他的網站 budworkshop. co.uk 獲取。

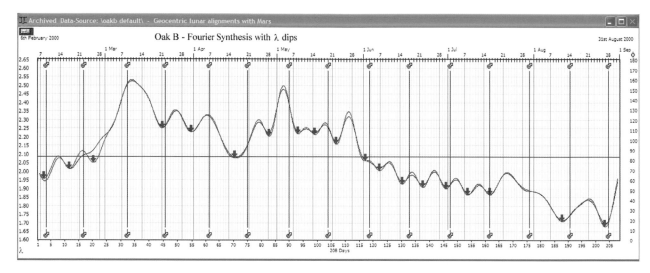

圖 13.55   橡樹芽苞的 λ 值分析

圖 13.56   一九九一年在蘇格蘭斯格朗廷（Strontian）觀察到的山毛櫸芽 λ 值的平均變化。土星和月球的週期顯示為向下的小三角形（愛德華《生命的漩渦》）

任何結論。

　　愛德華超過十五年的研究指出，這種關連不只是橡樹，也會在其他芽苞和植物上出現。他發現山毛櫸似乎對月亮和土星的韻律有所反應，櫻桃樹則相應於太陽。這裡的示例是他對山毛櫸樹的研究（圖 13.56）。

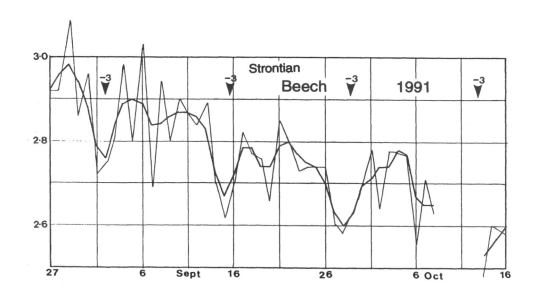

13.6 蘇鐵葉的變換

圖 13.57　蘇鐵葉綻開序列的推測性草圖

　　我觀察美麗的蘇鐵多年（如第 13.3 節所見）。當葉子開始出現時，它們會在前一季舊葉的杯狀基部形成一個小圓頂。這個圓頂會迅速發展成一個直立細長的蛋形，然後頂端變得更像球狀，直到幾乎呈圓錐狀。接著葉子開始偏離中心線彎曲，整個展開變成像漩渦一樣。我能想像這一連串的轉變（圖 13.57）。

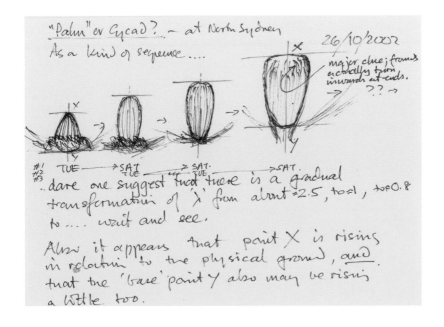

圖 13.58　序列的記錄

圖 13.59　至關重要的錐形階段
圖 13.60　在關鍵時刻的蘇鐵葉

　　我做了一整週的觀察（圖 13.58）。關鍵在於，這株植物是否經歷所有這些步驟。我眼巴巴地看著它，特別是出現倒芽的形式，但還是頂端綻放的階段。如果這順序是對的話，那麼有個階段是葉尖稍稍向內轉，而中間是開的。這會剛好是在葉子變成圓錐狀之前，此時 λ 值為 0。在它綻開之前，λ 值會變成負值。

　　會這樣嗎？如果真是如此，表示這個序列就像我所想的那樣。是的，它肯定是這樣，從那之後我陸續觀察了很多次（圖 13.60）。這是一個「我發現了」（eureka）的時刻！請注意，葉片的尖端就像預期的那樣向內捲曲，但中心是開放且空的。之後，形式逐漸變成漩渦狀結構。

　　現在，我需要更多關於這一切的數據。儘管有操作上的困難，我仍順利完成幾個序列，圖 13.61 到 13.78 顯示了一些挑選過的圖像。顯然這個對應並不精確，但有個不可否認的趨勢：一旦葉片綻開成漩渦形式，這個形式將更緊密地遵循著幾何漩渦。

　　根據時間所繪製的 λ 值，顯示了直線式的下降；相較於大自然通常更為複雜的作工，這似乎太過簡單。我多少捕捉到這個進程可觀察到的起始點（在二〇〇五年十一月十一日），並且在十二月三日後（僅僅二十二天），植物就開始它的渦漩風扇，並且尺寸大大地增加。同時，我還觀察了主要莖葉上的細小葉子。即使到了十二月七日，它們尚未完全直立，仍是相當柔軟和脆弱，顯示有些變化仍持續進行著。

　　我預期在幾天或幾週內葉片會緩慢且漸進地展開，而且我認為一天內這個漸進的過程會變得愈來愈明顯。所以，我每隔幾小時拍攝一張照片，期待著漸進的改變。我很驚訝地發現，它們慢慢地打開，然後逐漸地閉合了一點。這是一個我沒預期到的明顯的呼吸或脈動。

　　這些觀察和初步結論還需要更多的研究才具有可信度。但它們拋出了更多的問題。例如，和蘇鐵相同，如果將場的上下兩極轉換，會如何呢？你可能以為整體來說，不可見的形式通過植物後留下軌跡，並且這軌跡對舊葉的影響較少。還有更多更一般的問題：是什麼樣的力量牽引著植物萌芽？或者，從另一個角度來看，是什麼樣的存在透過可見的形式展現出它自己？在《空間和對立空間》（Space and Counterspace）一書中，尼克·湯瑪斯指出兩個力量世界（world of force）之間的壓力——在我們日常的

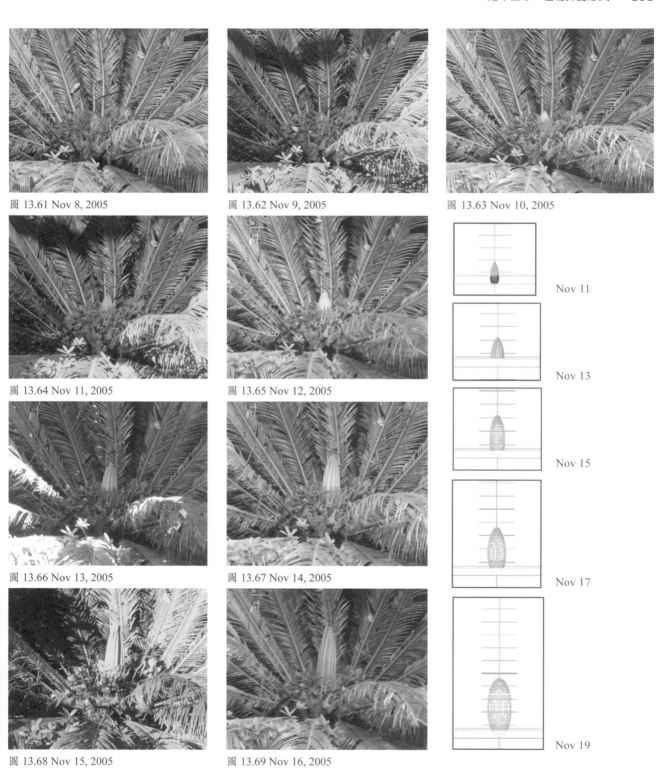

圖 13.61 Nov 8, 2005

圖 13.62 Nov 9, 2005

圖 13.63 Nov 10, 2005

圖 13.64 Nov 11, 2005

圖 13.65 Nov 12, 2005

Nov 11

Nov 13

圖 13.66 Nov 13, 2005

圖 13.67 Nov 14, 2005

Nov 15

Nov 17

圖 13.68 Nov 15, 2005

圖 13.69 Nov 16, 2005

Nov 19

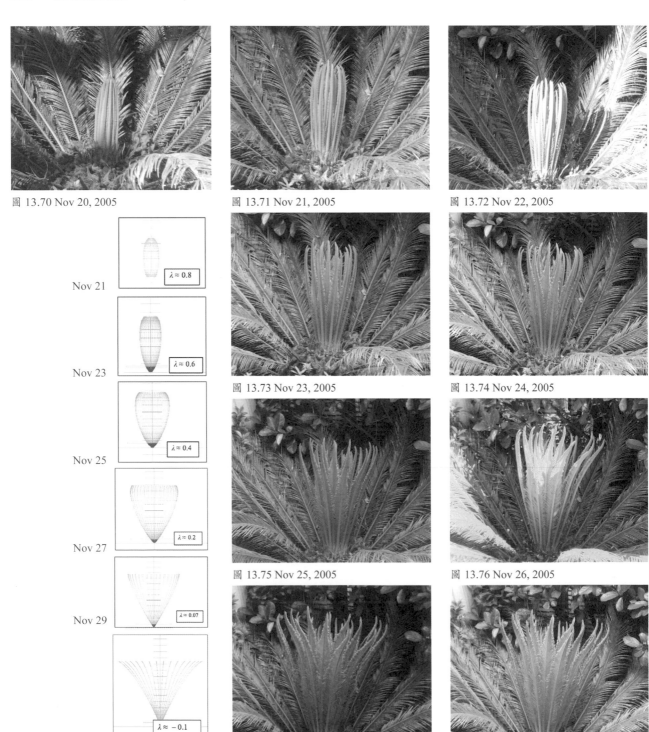

圖 13.70 Nov 20, 2005

圖 13.71 Nov 21, 2005

圖 13.72 Nov 22, 2005

Nov 21　　$\lambda \approx 0.8$

Nov 23　　$\lambda \approx 0.6$

Nov 25　　$\lambda \approx 0.4$

Nov 27　　$\lambda \approx 0.2$

Nov 29　　$\lambda \approx 0.07$

Dec 1　　$\lambda \approx -0.1$

圖 13.73 Nov 23, 2005

圖 13.74 Nov 24, 2005

圖 13.75 Nov 25, 2005

圖 13.76 Nov 26, 2005

圖 13.77 Nov 27, 2005

圖 13.78 Nov 28, 2005

生活空間和對立空間之間，形成的力量（formative force）活躍
其間。植物的生長是否是這股力量的展現？

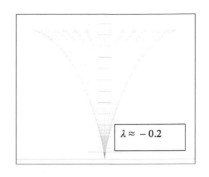

圖 13.79 Dec 3

第十四章　動物界的形式

　　我們在礦物和植物界中所見的幾何形式，都是沿四面體邊線的成長測度所生成。對礦物界來說，它是一個無窮大的全實四面體；對植物界來說，則是一個複合四面體，或是半虛四面體。那麼是否有一種四面體能生成我們在動物界所看見的形式？

　　愛德華和卡爾德伍德的研究顯示，動物的某些器官，例如心臟，對四面體結構有很好的對應。一般而言，我們可以看到從礦物界步入植物界，失去了平移的對稱性，但植物界表現出旋轉的對稱性。然而，進入動物界又少了更多，重點在於兩側對稱，即鏡像對稱。

　　正如先前所示，動物界的方向主要是水平的。節點（或點狀）主要在頸部（喉頭）和臀部（生殖區）。在這兩個節點之間的脊椎有著節點律動。沿著這條脊柱，每一個串接的脊椎骨都有轉變。

　　假如動物界有四面體的話，那麼必須有一條可見的水平線，以及第二條線（可能垂直於水平線）。對礦物來說，四面體的六條線都在無限大的球面上。對植物來說，一條垂直於地表的可見直線，會在鉛直線上有相對應的直線，第二條線則在無窮遠處水平延伸。另外的四條線則可想像成是旋轉連接或交錯在這兩個極端之間。從礦物到植物，只有一條線變成位於鄰近在地的，其餘的都位在無窮遠處。從植物到動物，我相信還有進一步的變化。但其他的四條線在哪兒呢？當然，我有所猜測，而我必須承認我尚未找到這個動物界的四面體。

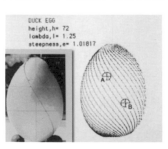

圖 14.1　有著螺線痕跡的鴨蛋
圖 14.2　鴨蛋的路徑曲線

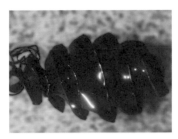

14.1 蛋的螺線

　　當我們看著蛋時，就看到了動物界裡芽狀的形式（第 10.5
節）。蛋似乎是原始的形式，是許多動物生命周期的早期階段。
我們在其中一顆蛋上看到了螺線的痕跡，有時在鴨蛋上也看得
到。螺線必定與鴨子的輸卵管有關，那是鴨蛋必經的路徑。它們
類似芽苞表面上的兩組螺線，但蛋上只有逆時針的那一組。早期
的研究確立 λ 值為 1.25，ε 值接近 1；後者似乎是正確的，因
為斜率只比 45° 多一點。圖 14.2 左邊的照片中畫了一條單獨的路
徑曲線；右邊的這組曲線則是由電腦生成，以便給出一個整體印
象。

　　在《生命的漩渦》一書中，愛德華挖苦說道：「可以看到，
這隻毫不起眼的母雞……所下雞蛋的形式的 MRD（平均半徑偏
差）為百分之一點五，比我這擁有多年經驗的人所能做到的，還
要精確三倍。雞蛋本身的實際偏差在百分之一吋附近，即便使用
透鏡進行測量也是如此。」（第 64 頁）

　　傑克遜港鯊魚（The Port Jackson shark）的卵常常在新南威
爾斯州的海岸被找到。它的基本輪廓是一個明確的蛋形，但外面
繞著螺旋狀的鰭，裡面則有對應的曲線，螺線的方向是順時針。
為何在鴨子和鯊魚的蛋上會有不同的螺線方向呢？

　　美國的道格拉斯・貝克（Douglas Baker）為了找出路徑曲線
的一致性，檢查了超過 250 種不同種類的鳥蛋；他確實找到不錯
的一致性。如同先前所見（圖 10.29），鴕鳥蛋顯示出微弱的螺
旋標記（圖 14.5）。通常鳥蛋上的螺線不太明顯，但這樣的輪廓
本身強烈指出這些路徑場正起著作用。

圖 14.3　傑克遜港鯊魚的卵
圖 14.4　鯊魚卵的內部（移除
鰭）
圖 14.5　有著隱約螺線痕跡的
鴕鳥蛋

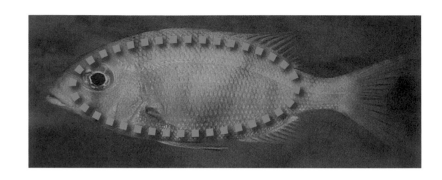

圖 14.6　長身白鑞

14.2 魚類

　　魚類有一條明顯的水平線。我們是否可以利用路徑曲線來理解魚類形式的某些特點？我們可以將魚看成是水平置放的細長松果，口部在一端，尾巴在另一端，鰭狀鱗片分布其間。兩者大致符合橢圓形的輪廓，但在自然賦向上相差 90°。

　　首先，我們來看看長身白鑞（Forktail large-eye bream）。在魚體形狀上重疊一個橢圓形輪廓，我們會發現這樣的配對不算太差，可能指出某一條路徑曲線。六棘鼻魚（Sleek unicorn fish）有著圓滑的頭部和銳利的尾巴，這裡重疊的圖是 λ 值約為 2 的路徑曲線。這樣的曲線已經比較接近一般魚類的輪廓，但仍無法令人滿意。

　　看來到目前為止，我們很難將這些魚類的形式與已經探索過的基本路徑曲線輪廓相配對。當然，魚不是植物，而且還有關於對稱性的問題。空間中的蛋形或芽形的路徑曲線具有圓對稱或輻射對稱，芽形或蛋形的生成曲線都圍繞著中心垂直軸（莖）旋轉。

圖 14.7　六棘鼻魚（魯迪·庫特）
圖 14.8　在魚的輪廓上疊放路徑曲線

右頁圖，由上至下：
圖 14.9　青嘴龍占魚（Spangled emperor）有著明顯彎曲的側線
圖 14.10　擬棘鯛（Eastern nanny-gai）有著幾乎是直線的側線
圖 14.11　鮭魚剖面（染色是為了強調）
圖 14.12　無齒鰺（Trevally）的剖面
圖 14.13　劍魚（Sword fish）的剖面

因此，曲線似乎繞著植物莖的中心線呈現螺旋狀。然而，魚類的端視圖不是圓形，但它具有對於通過頭部和尾巴的垂直平面之兩側對稱或反射對稱。

　　作為魚的基礎形式的四面體結構，必定與植物的四面體結構截然不同，因為曲線的紋路不會環繞過脊椎，但看起來會相遇在身體的頂部和底部、背部和腹部的稜線。許多魚的身體中上部位會有一條線或縫合處，這是側線嗎？這暗示了一種整體結構嗎？大家都知道有這條側線，它似乎與魚的定位方法有關。它往往沿著魚體的前三分之二，在頭部稍微向下彎曲。在某些魚類中，這樣的下彎非常明顯；而在其他魚類，這條側線幾乎是直線。這條直線或曲線可能是基本幾何結構的固有部分。

　　就礦物的形式而言，四面體的六條邊線都在無窮遠處；就植物來說，一條線保持在無窮遠處，另一條線變成位於鄰近在地的（莖或是軀幹），另外四條線則是虛擬的或移動中。對於動物界而言，我猜想在植物中位於無窮遠處的直線，是否在動物中變得愈來愈局部。比起僅僅是礦物的規律，或者是植物生長的規律，動物界有更多東西在運作著。動物有意識或意圖，這有沒有可能影響動物的結構和形狀？

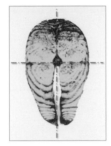

　　回到魚和牠的側線，從魚體的橫剖面來看，在這條線的上下有明顯的螺紋狀的肉。鮭魚的剖面顯示側線確實重要。它位在生物體內部組織有明顯水平分隔或隔膜的地方；從剖面可知，這個分隔恰好通過脊椎，這條側線將身體分成上下兩個部分。在這水平分隔的上、下半部，魚肉上的螺紋並非彼此的反射，上半部和下半部並沒有對稱。

　　是否值得測試一些假設的四面體，看看其蘊含的路徑曲線與實際魚體結構的一致性如何？這個結構必須有兩側對稱的曲面對稱於鉛直平面，並且這兩個分開的曲面（左側和右側）要具有多組的路徑曲線，這些曲線彼此交叉，從而能夠給出適用於許多魚類皮膚和鱗片圖案的形態／幾何基礎。

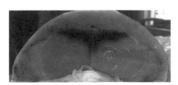

14.3 魚類形式的四面體

　　我描繪了對應於奇特的魚類形式和奇特的鱗片模式的四面體（圖 14.14）。這個最初的四面體的曲線能否模擬鱗片的模式？魚體背部和腹部的稜線還需要一些限制的曲線，因為上下稜線的

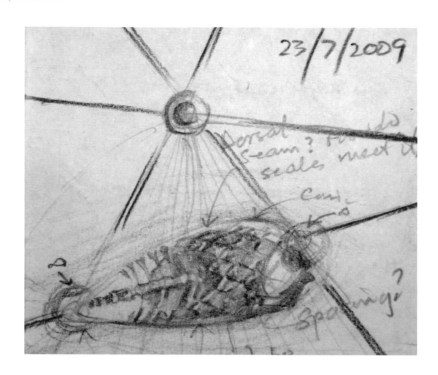

圖 14.14　在試驗用四面體內的
魚類形式

鱗片有時會變得更小，但我仍然無法確定。

　　這些想法推導出圖 14.15 所顯示的四面體。它基本上是一個
可以壓平成三角形的四面體。將兩點（P_3 / P_4）重合，當成魚上
方的點，這使得兩個相對的平面（π_1 / π_2）重合，同時也會有兩
對重合直線（p_3 / p_4 和 p_5 / p_6）。三角形的點 P_1 在尾部，點 P_2 在

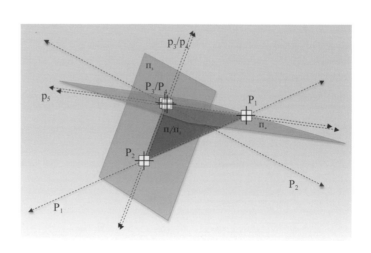

圖 14.15　試驗用四面體

頭部，重合的點 P_3 / P_4 在上方。在這個四面體中，無窮遠處的直線（在植物的四面體中）現在是位於鄰近在地的。

　　在脊椎線 p_1 上會是熟悉的成長測度。而垂直於它的直線 p_2 可能是階段測度。兩個重合平面 π_1 / π_2 將允許兩側對稱，這是一種反射。圖 14.16 顯示這個基本框架，指出了一些平面，也顯示一些測度。

　　由三角形 P_1（尾部）、P_2（頭部）和 P_3 / P_4（上方的雙點）所決定的雙平面中，將存在路徑曲線。重合直線 p_3 / p_4 和 p_5 / p_6 都會通過重合的點 P_3 / P_4。四面體中剩下的直線 p_2 則垂直於鉛直雙平面，並且在直線 p_1 的上方。這些路徑曲線將如圖 14.17 所示。黃點顯示出一個看似魚的輪廓。有了這樣的路徑曲線，形式的選項就大大增加，因為輪廓可以更銳利／圓滑，以及存在各種不對稱的可能性。有些魚類可能在底部和脊椎下方有「細尖」的線。

　　還有兩個平面，前面是 π_3，後面是 π_4。這裡的路徑曲線的測度不是成長測度，而是與直線 p_2 相同的階段測度。我把它們對稱地畫在垂直平面上（圖 14.18）。這裡只繪製出一組路徑曲線，這幅圖案就像是沿著脊椎的正視圖（標記為彩色圓圈）。

　　這樣的圖像是否可對應到實際的魚呢？確認這件事有一定的困難，因為很少有這樣正面的圖片。我試著在雪梨水族館拍攝一些照片。儘管魚兒的動作快速且難以預測，最終我還是設法捕捉到一些影像。其中一個分析顯示 λ 值為 1.7（圖 14.20 與下頁計算說明）。

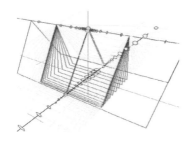

圖 14.16　試驗用四面體的更多細節

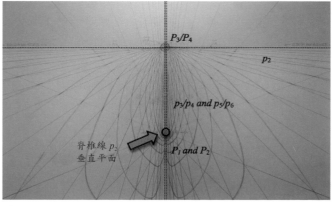

圖 14.17　在鉛直平面的全實三角形的平面路徑曲線
圖 14.18　沿著脊椎的視圖，前平面的路徑曲線

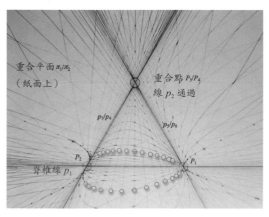

1   在照片上用鉛筆畫出輪廓。

2   將一些地方的寬度減半以估計和繪製中心鉛直軸的位置。

3   如果這條鉛直軸穿過手繪輪廓的頂部和底部，分別標記為 X 和 Y 兩點。這是最大剖面的背部和腹部的點。

4   通過頂部和底部的點各畫一條線，垂直於鉛直軸，這些是平行的水平線。

5   在輪廓的兩側各標記兩點，大約是沿著鉛直方向的四分之一和四分之三的地方。

6   從頂部和底部的點畫線通過這四個點，如圖所示，並延長與兩水平平行線相交。

7   測量從 X 和 Y 到這八個交點的水平距離。

8   沿著頂部水平線右手邊的乘數：
     $m_1 = 199/43 = 4.627$

     沿著底部水平線右手邊的乘數：
     $m_2 = 143/58 = 2.466$

9   λ 值是這些值取對數後的比值：
     $\lambda = \log m1 / \log m_2$
     $\lambda = \log 4.627 / \log 2.466$
     $\lambda = 1.697$

10   為了準確性，左手邊可仿照檢查。

右頁圖，由上至下：
圖 14.19   魚的正面圖
圖 14.20   魚的輪廓分析
圖 14.21 λ 值為 1.7 的理想路徑曲線
圖 14.22   計算結果和實際形式非常符合

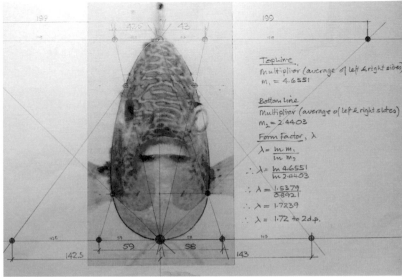

計算的結果需要藉由真實的形式加以確認。所以我利用計算出的 λ 值,以程式畫出一個由切線所組成的包絡線圖(圖 14.21)。將它疊放在照片上看來非常符合(圖 14.22)。不管如何,發現某些魚的橫剖面對應於路徑曲線的方法令人感到振奮。有些魚的橫剖面是兩側凹進去,不會是像蛋形一樣的路徑曲線。它們可能是非對稱的卡西尼卵形線(Cassini ovals),形狀變化可從長橢圓形到雙紐線;但也有可能是其他的曲線。

14.4 鱗片模式

有些魚的鱗片圖案讓人聯想到松果。除了外表的模樣,還能看到更多嗎?現在,我們有一個值得在四面體空間場中嘗試的輪廓。

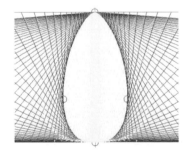

一開始我打算做一個可被壓平成三角形的四面體模型。為了簡單起見,我選擇了正三角形。在頂部的線 p_2 上的測度(律動)是單一階段測度;水平方向的脊椎上的線 p_1 和連接這兩者的重合直線,則是成長測度。我採用一塊合乎模型的魚的剖面,並由此建構出空間的路徑曲線。遠遠地看,這個曲線的切線像是一連串的鱗片嗎?

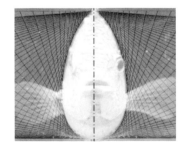

選擇一個合適的點作為起頭很重要。我發現隨意選擇任一點無法得出有效的形式。儘管嘗試了各種可能,我卻一點也無法將

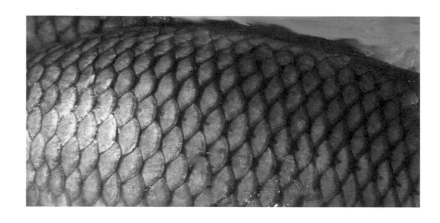

圖 14.23　鯉魚鱗片
圖 14.24　被棄置的「扁平」四面體模型
圖 14.25　一組互補的路徑曲線
圖 14.26　試驗的形式給出不太可能發生的曲線

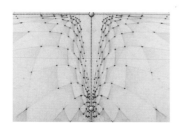

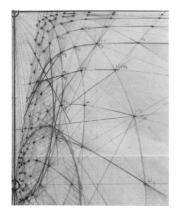

得到的結果看作是一條真正的魚，於是我就放棄了這個模型。

　　然而，鯉魚表面覆蓋著美麗的鱗片，強烈暗示著一種三維路徑曲線模式。關鍵在於檢測這種模式是否平滑連續地越過背部和下腹部的邊緣，沒有縫隙和凹角。近距離觀察清楚顯示了，越過身體頂端的鱗片具有連續性，儘管身體下方沒有那麼明顯。有些鱗片彎折會打斷這個模式。

　　下一步則是在前斜平面（通過 P_1）和後斜平面（通過 P_2）繪製假定的螺線。圖 14.29 是摘要草圖。在四面體的四個平面上，什麼樣的路徑曲線決定這些螺線？這一點由圖中可以看得出來，當連接在一起時，估計點（顯示為紅色三角形）的位置會出現在頭部點 P_1 的附近。這是很好的第一步，暗示了某種螺旋形式。

　　從照片看來，我估計鯉魚身上大約有 30 個鱗片，我假設它們間隔的角度相等，彼此皆相距 12°。這些鱗片的位置都能在前斜平面上對應建立起一個點嗎？它是否與某些螺線保持一致？甚至是非對稱的？我所尋找的螺線如圖 14.30 所示。

　　我嘗試了一些可能性。繪製的描圖紙大到幾乎占據了整個餐桌。在各種可能性的範圍間，我估計了一個平均的非對稱螺線（圖 14.31 中的紅色粗線）。但這麼做效果不佳，所選的非對稱螺線結構與實際的鱗片模式不太吻合。試驗過許多螺旋線後，我仍然沒有得到好的配對。

　　我想最好是重新開始。我設置了一個直立的三角形，但這次直線 p_2 上用的是環繞測度，而非階段測度。這是一個重要的改變。再一次，每四個魚鱗只有一個被標註在水平的脊線上，並且有一個成長測度和這些點配對。由此我可以建構起魚的理想輪

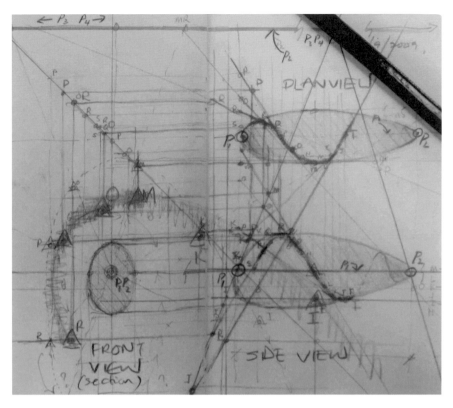

圖 14.30

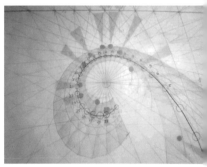

廓，這是個不算太壞的配對（圖 14.32）。雖然頭部和尾部突出，
但這是預期中的事。

　　在後平面上前傾的直線和前平面上後傾的直線上有兩種不同
的成長測度，兩條斜線不同的測度有助於決定前後兩個平面的螺
旋線。我再次估計魚身上的30個鱗片，這意味著12°的角度間距。
從已知的投影點開始，但改變角度，或是平面上的斜率，繪製了
一些測試的螺旋線，（圖 14.33）。

　　如前所述，這條頂線 p_2 的位置被取在脊線的上方 300 毫米，
且與脊線垂直。慢慢地，動物的四面體在一條真實的魚的幫助下
建構起來了。它與圖 14.15 中我們的第一個動物四面體相似，不
同之處在於兩個平面是想像的，繞著脊線 p_1 朝相反方向旋轉，由
頂線 p_2 上的點 P_3 和 P_4 的環繞測度所決定（圖 14.34）。

　　下一步將是真正的考驗。我能否由鯉魚的鱗片所生成的曲
線，大致找到一對看似真實的相反旋轉的螺旋線？在前、後這兩

圖 14.27　鯉魚背部（頂端）邊
緣的鱗片模式
圖 14.28　底部有類似的模式
圖 14.29　預期的結構草圖
圖 14.30　非對稱性的螺線或螺
旋線
圖 14.31　可能性的範圍內（灰
色）的平均螺線

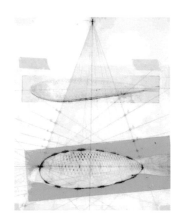

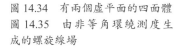

圖 14.32　用紅色標出的假設輪廓
圖 14.33　在魚的鱗片上畫出一些
螺線

圖 14.34　有兩個虛平面的四面體
圖 14.35　由非等角環繞測度生
成的螺旋線場

個平面的螺旋線，也將確定了過點 P_1 和點 P_2 的兩個逐點螺旋錐線。這兩個錐線的交集，可以找出這些鱗片的中點。如果這是正確的，那麼相鄰序列的鱗片應該能被表示成和序列數量一樣多的套疊螺旋線（如果魚的兩側真的對稱，就會在兩個方向上）。從數據圖來看，當一個完整周期完成時，應該就能夠計算覆蓋身體中央部分的中間序列的數量。我發現有 15 個這樣的序列（圖14.33）。

但我碰到一個問題。我試了幾十個螺旋線的圖案，沒有一個適合。它們都沒有差太多，但就是無法準確地與數據點配對。

怎麼會這樣？是整個假設有缺陷或是錯誤嗎？我漏了什麼嗎？畫了許多草圖，但螺旋線誤差範圍太大，幾乎無法含括所有的數據點。

這對我是個打擊：我錯在假設螺旋線是以等角間距圍繞著脊線 p_1，但不一定如此。我記得受到愛德華的啟發，我曾經畫過某一類螺旋線族的圖案。在畫的時候，我甚至沒想到這可能會出現在大自然的某處。通過中心的一些橢圓的逆時針循環，是紅色螺旋線族（圖 14.35）。這些形式並不取決於中心點上直線的等角環繞測度，而是根據在某一點上直線的環繞測度，不需要是等角。一旦我們在一直線上有點的環繞測度，我們能選取直線外的任一點，並將它與所有點連結，建立直線新的環繞測度。我找到了我的原始繪圖，並用紅色強調螺旋曲線（圖 14.36）。要注意的是，在中心點周圍的輻射線不是等距分布，就像線上的點也不是等距分布。我不知道魚是否會喜歡這個想法。

我再次使用四個重要的數據點進行數據分析。利用這些點就

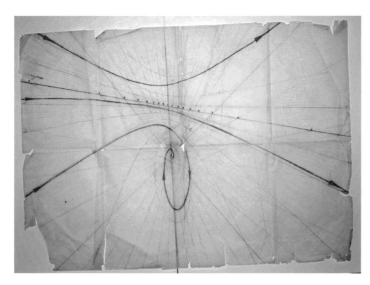

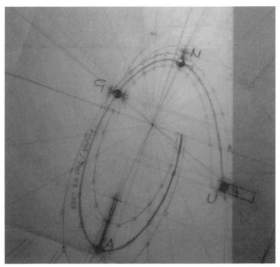

圖 14.36　最初的螺旋線圖
圖 14.37　前平面的螺旋線

可以分別估計出這個環繞測度的中心。最後，這些新的壞繞測度的點加入到給出新的直線環繞測度的中心。現在，通過這些數據點就能畫出一個螺旋線嗎？

　　實驗得到的結果出奇地好。這裡展示的是一個紅色的螺旋線，並且通過代表平均數據點位置的紅色圓點（圖 14.37）。現在，結果好到足以來看看使用相同的原始數據是否能找出螺旋線。這些數據運用相同的方法投影到前後平面；對於後平面或尾部的平面，圖案必須更大一些，不過為後平面的投影點找尋適當的配對並不會因此更費力（圖 14.38）。

　　終於，這個早期的動物四面體發展得很好，一些控制魚體主要部分的路徑曲線開始顯現出來。當兩個螺旋線必須相交時會發生什麼事？因為它們實際上是通過點 P_1 和 P_2 的兩個螺旋錐線的一部分。

　　最後的問題是，這兩個螺旋線能否提供一個切線（或點）的曲線，它可以合理地被視為是遵循著鱗片的序列？初步的檢驗顯示，連接的切線（從側面看）看起來確實不錯，只不過是在魚體的中段（圖 14.39）。

　　一項改進是嘗試繪出魚體表面上的點（不僅是線），它們代表鱗片中心路徑的近似值。這需要稍微不同的方法，但是利用原來建構的基礎和數據。在這個例子中，找到與圖 14.34 的旋轉平

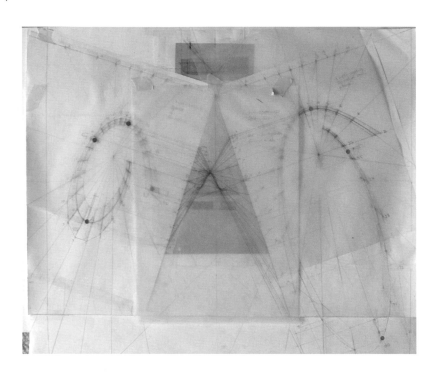

圖 14.38 前後平面的螺旋線放
在一起

面上的表面鱗片重合的點是個問題。我們需要繪製另一對螺旋
線，它們實際上和用來找到切線的比例相同，但是相當地小。這
兩個螺旋線這次不是與魚體的切線相連，而是與魚體表面的點所
給出的兩相交直線。這些表面上的點是兩個相交螺旋錐線表面的
交線的結果（圖 14.40）。疊加的結果顯示配對並不完美，但已
經足夠接近，值得進一步努力（圖 14.41）。

圖 14.39 連接切線（圖 14.38
的細節）

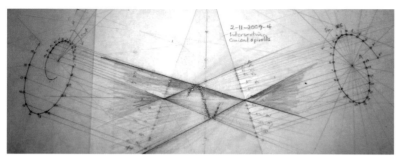 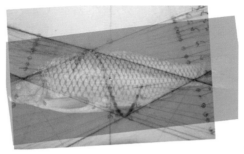

14.5 生命的表達

所以，我們的假設是，魚類形式的主要部分包含在由這個特定四面體所決定的形式場中。我相信這個四面體是魚類（動物界的早期生物）原初形式的基礎。

我們看見主宰著礦物世界的四面體是植物四面體的一個特例——所有直線都位在無窮遠處，成長測度變成階段測度。反過來，植物四面體則是這個更為彈性的動物四面體的一個特例；只有一條線變成位在鄰近在地的，其餘兩條線變成是想像的和環繞的。

在動物的基本形態學中，似乎有什麼東西使得知覺或靈魂生命的表達不斷增長。在演化上，早期魚類的形式通常是長的、扁的和圓形剖面居多。後來的物種變得較為扁平，也潛得更深。演化的蛻變逐漸展現出更微妙的形式。橫剖面逐漸從圓形到橢圓形，再到蛋形曲線，再到有凹入的曲線（如卡西尼卵形線）。這是一種定向演化意圖的表現、一種具有影響力的內在原則嗎？是否最終想要將頭部（藉由拉長頸部）與從身體生殖區延伸出並爬行陸地的四肢分開？

圖 14.40　相交的螺旋錐線
圖 14.41　幾何曲線與實際鱗片模式的比較

第十五章　總結

15.1 人類領域的幾何學

　　初探動物界時，我們看到一個以植物幾何學為基礎的研究面向，那就是蛋形。現在，如果我們觀察人類領域，會發現某些形態或器官在某種程度上和蛋的形態相呼應。愛德華和卡爾德伍德已經研究過人的心臟形態。

　　觀察心臟左心室的輪廓，愛德華發現它依循著一條路徑曲線。然而，那並不是熟悉的芽苞形或蛋形，而是一點在無窮遠處的三角形。心臟形態的路徑曲線有兩條平行（水平）線和一條鉛直線，且其三角形的三個點都位於鄰近在地處，而非無窮遠處（圖15.1）。在愛德華《生命的漩渦》第八章，可以找到完整的描述。如果我們畫出與心臟輪廓三維等價的圖案，就會類似這個彩繪玻璃所呈現的一樣（圖15.2）。

圖 15.1　對應於有三個局部點的心臟輪廓的路徑曲線（Z 點在左邊頁面上）

圖 15.2　表示三維心臟形式的彩繪玻璃

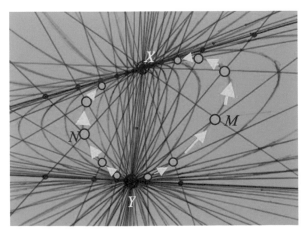

　　儘管愛德華最初是想要確認整個心臟的形式，但也不得不分別處理每個心室。心臟左心室的肌肉在中心處出人意料地厚；右心室就薄了許多，但體積比較大。（霍德里奇〔Holdrege〕，《動態心臟與循環》〔*The Dynamic Heart and Circulation*〕，第31頁）

　　附帶一提，十九世紀傑出的蘇格蘭自然主義者佩提格魯描繪了人類心臟的各個層次。最特別的是，一八六〇年他還是個大學生時，就受邀參加倫敦的皇家學會和倫敦皇家內科學院所舉辦的講座，講述心臟的肌肉組織。他在不同的角度下發現七層不同的肌肉。從最外層來看，有三層是逆時針旋轉，且逐漸變得平整，到了第四層時大致是水平的；三個內層則是順時針旋轉且愈來愈不平整（圖15.3）。

　　人類細胞的最早期形式也顯示出幾何學的跡象。受精後不久，卵細胞開始分裂。一開始，細胞複合體的整體大小不變，細胞只是變小。第一次分裂將細胞分成兩個，產生兩側對稱。第二次分裂與第一次垂直，變成四個細胞。第三次分裂穿越這四個細胞的結構，變成八個細胞。現在，有三個相互垂直的對稱平面。早期的分裂幾乎帶有一些礦物對稱的特性，大約持續五或六天。

　　愛德華亦對構成後期胚胎的路徑曲線做了一些研究。這些也是經由漩渦變換改變的植物狀芽苞形式的不對稱變化。

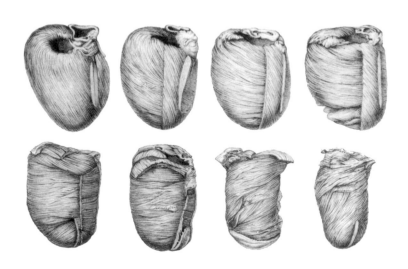

圖15.3　佩提格魯的心臟解剖
（取自《大自然的設計》）

15.2 不同領域的幾何學概述

探索不同領域時，我們已經看到了賦向。儘管在大尺度上可以看見水平分層，但礦物並沒有明確的方向。植物王國具有明顯的垂直性。動物王國，無論是魚類、哺乳動物或其他種類，都顯示出水平賦向。在人類領域，我們還發現了垂直賦向；光是這個特性就足以區分人類與動物，將人類看成是一個獨立的領域。

每條線都能顯現出節點模式，一種在主線上的律動。在礦物中，階段測度提供大小相同的晶體。我們在植物的莖葉間隔或是脊椎的椎骨上，看到更加微妙的成長測度（更不用說魚的鱗片模式）。毫無疑問的，人體脊柱也有類似的模式。

還有對稱性。礦物顯示出許多對稱性。在植物中，對稱性縮減為旋轉和兩側對稱。在動物和人類世界中，對稱性進一步減少到只剩兩側對稱。毫無疑問地，動物界的左右差異不大，但人臉的特徵從未剛好是對稱的。在身體內部，動物器官和人類器官當然也不是完全對稱的。

在找尋生成這些領域形式的路徑曲線的四面體時，我們一步步從無限大但真實的四面體（礦物界），走到一個部分是無限的、部分是位於鄰近在地的四面體（植物世界，鉛直方向）。然後，從這個四面體變換到一個重新定向，且完全位於鄰近在地的四面體（魚的世界，水平方向）。找尋能夠與人體全然符合的路徑曲線的四面體，確實是一大挑戰，但我相信它將再次轉向鉛直，並且所有主線元素都是位於鄰近在地的。甚至可能沒有這種四面體。無論如何，我至今仍未找到答案。

15.3 智能設計？

我們理所當然地認為有一個秩序會被發現。科學家期望數學／幾何學能派上用場；數學／幾何學被看作是分析的一個重要元素。幾何學有用，是因為它是事物固有的。它看起來是抽象的，是因為我們目前對它的研究非常有限。我們只能感受到最淺薄的抽象概念，但這並不意味著幾何學沒有強大力量。

有位天主教神父主張，僅僅用「智能」稱呼自然界的無上權威，是戲仿或貶低上帝創造的天賦智慧。「智能設計」（Intelligent Design）僅是對非凡智慧一種令人難過、渺小或非常低階的認識。

　　這個絕頂聰明的設計，這種不可言喻的智慧，可以用幾何學的理解予以「測試」。而這正是我在這裡的探索。我的嘗試經常是粗糙的，而且我只「測試」了無數動植物中的一些物種。如果我們對周遭世界感到敬畏和驚嘆，我們就可以開始去發現，也許它的演化不僅僅是偶然的，而是以直立的人類為目標。但是現在，我們把這個問題留待生物學家和演化科學家去爭辯。

致謝

　　對於那些已故者，我特別感謝愛德華，他讓我看到植物界的幾何，並且親自教我許多基本知識。同樣謝謝羅傑·麥克休（Roger McHugh），一位對左派和右派都有深入見解的人。以及史泰納，給了我深具意義的背景故事。

　　至於海外友人，非常感謝英國倫敦的湯瑪斯，忍受我冗長的電話會議，並接受我的訪問。還有謝謝蘇格蘭亞伯丁的卡爾德伍德，接受我的訪問和意見交流。此外，還有在蘇格蘭 Strontian 研討會上的許多人，特別是盧德博爾（Lou de Boer）、羅恩·賈曼（Ron Jarman）、斯圖爾特·布朗（Stuart Brown）。謝謝西蒙·查特（Simon Charter）送我美麗的鱒魚圖片。

　　在澳洲當地，謝謝戴維·鮑登（David Bowden）、克莉斯特爾·波斯特（Christel Post）和羅傑（Roger），我們的形態學社群。還有安德魯·希爾（Andrew Hill）、埃里克·托瓦爾森（Erik Thorvaldson）、彼得·格拉斯比（Peter Glasby）、法比亞諾·辛門斯（Fabiano Ximenes）、羅恩·韋西（Ron Vaisey）、特里·福曼（Terry Forman）、格里·羅倫斯（Garry Rollans）、馬塞爾·馬德爾（Marcel Maeder）圍繞著我的工作主題進行對話。

　　謝謝雪梨 Glenaeon Rudolf Steiner 學校的許多畢業學生，對於人性的未來，堅持著我的信念，並展現出持續的興趣，包括亞斯明（Yasmin）、安妮卡（Annika）、盧克（Luke）、珍妮（Jenny）、保羅（Paul）、莫妮克（Monique）、丹尼爾（Daniel）、曼德萊娜（Madelaine）、馬可（Marco）和埃里克（Erik）。

　　謝謝雪梨的許多咖啡店，尤其是在卡斯特拉格的 Pams，以及在查茨伍德的 Andronicus，忍受我和麗莎（Lisa）、科尼利爾斯（Cornelius）、愛蜜莉亞（Amelia）及我的同事們，並提供無限量的咖啡。

　　許多博物館，特別是雪梨的澳洲博物館及其精彩的骨骼廳

（skeleton hall），還有馬克麥格拉瑟（McGrouther，館藏經理，魚類學）對魚類的討論。許多花園，特別是雪梨的皇家植物園，我花了許多時間（甚至幾年）在其中尋求植物王國的形成性結構。

庫特，謝謝他對於魚類世界的圖片和描述的幫助。阿什利‧米斯凱利非凡的收藏和照片，以及關於海膽的美麗出版品。至於吉姆‧庫利亞斯（Jim Koulias）、珍妮（Jenny）和提姆（Tim），珍視我早期以筆記形式出版的作品。

特別是弗洛里斯書店（Floris Books）的基督徒麥克萊恩（Maclean），謝謝他認真周到的編輯，並且有信心這本書可以被實現。

謝謝我的妻子諾瑪（Norma）具體且持續的支援，以及不間斷的評論和鼓勵！

約翰‧布萊克伍德
二〇一二年五月

參考書目

Abbott, Edwin A. *Flatland: A Romance in Many Dimensions*, Shambala, Boston and London 1999 (originally published 1884).

Adams, George, *Physical and Ethereal Spaces*, Rudolf Steiner Press, London 1965.

—, *Space and the Light of the Creation*, Published by the author, 1933.

Ayres, Frank, *Projective Geometry,* McGraw-Hill, New York 1967.

Baker, Douglas, 'A geometric method for determining shape of birds eggs', *The Auk,* 119 (4), 1179–86, American Ornithologists Union 2002.

Ball, Philip *The Self-Made Tapestry*, Oxford University Press, Oxford 1999.

Blatner, David, *The Joy of Pi,* Allen Lane, London 1997.

Bockemühl, Jochen, *Awakening to Landscape*, Natural Science Section, Goetheanum, Switzerland 1992

Bonewitz, Ronald Louis, *Rock and Gem*, Dorling Kindersley, London 2005.

Bortoft, Henri, *Goethe's Scientific Consciousness*, Institute for Cultural Research, 1986.

—, *The Wholeness of Nature: Goethe's Way of Science,* Floris Books, Edinburgh & Lindisfarne, New York 1996.

Casti, John L., *Five More Golden Rules*, John Wiley, New York 2000.

Church, A.H., *On the relation of phyllotaxis to mechanical laws,* Williams & Norgate, London 1904.

Clegg, Brian, *The First Scientist*, Constable, London 2003.

Colman, Samuel, *Nature's Harmonic Unity*, Benjamin Blom, New York 1971 (first published 1912).

Cook, Theodore Andreas, *The Curves of Life*, Dover, New York 1979 (first published 1914).

Critchlow, Keith, *The Hidden Geometry of Flowers,* Floris Books, Edinburgh 2011.

—, *Islamic Patterns*, Thames & Hudson, London 1976.

—, *Order in Space*, Thames & Hudson, London 1979.

—, *Time Stands Still*, Floris Books, Edinburgh 2007 (first published 1979).

Dennett, Daniel, *Darwin's Dangerous Idea*, Penguin, London 1995.

Doczi, Gyorgy, *The Power of Limits*, Shambala Publications, Colorado 1981.

Eberhart, Stephen, 'Grecian Amphorae as Path-Curve Shapes', *Mathematical Physics Correspondence,* Number 27, 1979.

Edwards, Lawrence, *The Field of Form*, Floris Books, Edinburgh 1982.

—, *Projective Geometry*, Floris Books, Edinburgh 2000.

—, *The Vortex of Life*, Floris Books, Edinburgh 2006 (first edition 1993).

—, *Supplements and Sequels,* www.vortexof life.org.uk/reports.

Eisenberg, Jerome M., *Seashells of the World*, McGraw-Hill, New York 1981.

Gaarder, Jostein, *Sophie's World*, Phoenix House, London 1995.

Garland, Trudi Hammel, *Fascinating Fibonaccis*, Dale Seymour, New York 1987.

Ghyka, Matila, *The Geometry of Art and Life*, Dover, New York 1977 (first published in 1946).

Gleick, James, *Chaos*, Penguin Books, New York 1987.

Golubitsky, Martin and Stewart, Ian, *Fearful Symmetry*, Blackwell, Oxford 1992.

Goodwin, Brian, *How the Leopard Changed its Spots*, Weidenfeld and Nicolson, London 1994.

Gould, Stephen Jay, *I Have Landed*, Jonathan Cape, London 2002.

Hawking, Stephen, *The Universe in a Nutshell*, Bantam, London 2001.

Heath, Thomas L., *The Thirteen Books of Euclid*, Cambridge University Press, 1926.

Hitchens, Christopher, *God is not Great*, Allen & Unwin, New York 2007.

Hoffman, Paul, *The Man Who Loved Only Numbers*, Fourth Estate, London 1998.

Holdrege, Craig, *The Dynamic Heart and Circulation*, Association of Waldorf Schools of North America, Fair Oaks, USA 2002.

Huntley, H.E., *The Divine Proportion,* Dover, New York 1970.

Kandinsky, Wassily, *Point Line and Plane*, Dover, New York 1979 (first published 1926).

Kauffman, Stuart, *At Home in the Universe*, Oxford University Press, New York 1995.

Kepler, Johannes, *The Six Cornered Snowflake*, Paul Dry, Philadelphia 2010.

Klee, Paul, *The Thinking Eye,* Vol. 1, Lund Humphries, London 1961.

Koestler, Arthur, *The Sleepwalkers*, Penguin, London 1959.

Kollar, L. Peter, *Form*, privately published, Sydney 1983.

Kuiter, Rudie H., *Guide to Sea Fishes of Australia*, New Holland, Sydney 1996.

Livio, Mario, *The Golden Ratio*, Headline Review, London 2002.

—, *Is God a Mathematician?* Simon & Schuster, New York 2009.

Locher-Ernst, Louis, *Space and Counter-Space*, Association of Waldorf Schools of North America, Fair Oaks, USA 2003.

Lovelock, James, *The Ages of Gaia,* Oxford University Press, Oxford 1988.

Luminet, Jean-Pierre, *The Wraparound Universe,* Peters, Wellesley, USA 2008.

Mandelbrot, Benoit B., *The Fractal Geometry of Nature*, Freeman, New York 1977.

Maor, Eli, *The Story of a Number*, Princeton University Press, New Jersey 1994.

Marti, Ernst, *The Four Ethers*, Schaumberg Publications, Roselle, USA 1984.

Milne, John J., *An Elementary Treatise on Cross-Ratio Geometry*, Cambridge 1911.

Miskelly, Ashley, *Sea Urchins of Australia and the Indo-Pacific*, Capricornica, Sydney 2002.

Noble, Denis, *The Music of Life*, Oxford University Press, Oxford 2006.

Pakenham, Thomas, *Remarkable Trees of the World*, Weidenfeld & Nicolson, London 1996.

Peterson, Ivars, *Islands of Truth*, Freeman, New York 1990.

Pettigrew, J. Bell, *Design in Nature*, Longmans Green, London 1908.

Poppelbaum, Hermann, *Man and Animal*, Anthroposophical Publishing Company, London 1960.

—, *A New Zoology*, Philosophic-Anthroposophic Press, Dornach, Switzerland 1961.

Richter, Gottfried, *Art and Human Consciousness*, Anthroposophic Press, New York 1982.

Rohen, Johannes, *Functional Morphology: the Dynamic Wholeness of the Human Organism*, Adonis, New York 2007.

Romunde, Dick Van, *About Formative Forces in the Plant World*, Jannebeth Roell, New York 2001.

Ruskin, John, *The Elements of Drawing*, Dover, New York 1971 (originally published in 1857).

Saward, Jeff, *Labyrinth and Mazes*, Gaia Books, London 2003.

Schad, Wolfgang, *Man and Mammals*, Waldorf Press, New York 1997.

Schwenk, Theodor, *Sensitive Chaos*, Rudolf Steiner Press, London 1965.

Sheen, A. Renwick, *Geometry and the Imagination,* Association of Waldorf Schools of North America, Fair Oaks, USA, 1994.

Sheldrake, Rupert, *A New Science of Life*, Anthony Blond, London 1985.

Steiner, Rudolf, *Atomism and its refutation*, Article in 1890 Mercury Press, New York,.

—, *How can Mankind Find the Christ Again*, Anthroposophic Press, New York 1947.

—, *Karmic Relationships*, Vol. 1, Rudolf Steiner Press, London 2004.

—, *Man: Hieroglyph of the Universe*, Rudolf Steiner Press, London 1972.

—, *Mission of the Archangel Michael,* Anthroposophic Press, New York 1961.

—, *The Search for the New Isis, Divine Sophia*, Mercury Press, New York 1983.

Stevens, Peter S., *Patterns in Nature*, Penguin, New York 1974.

Stewart, Ian, *Does God Play Dice*, Allen Lane, London 1989.

—, *Life's Other Secret*, Allen Lane, London 1998.

—, *What Shape is a Snowflake?* Weidenfeld & Nicolson, London 2001.

Stockmeyer, E.A.K., *Rudolf Steiner's Curriculum for Waldorf Schools*, Steiner Waldorf Schools Fellowship, UK 1969.

Strauss, Michaela, *Understanding Children's Drawings*, Rudolf Steiner Press, London 1978.

Tacey, David, *The Spirituality Revolution*, Harper Collins, Sydney 2003.

Thomas, Nick, *Science Between Space and Counterspace*, Temple Lodge, UK 1999.

—, *Space and Counterspace: A New Science of Gravity, Time and Light*, Floris Books, Edinburgh 2008.

Thompson, D'Arcy Wentworth, *On Growth and Form*, Dover, New York 1992 (originally published 1916).

Tudge, Colin, *The Secret Life of Trees*, Penguin, London 2006.

Verhulst, Jos, *Developmental Dynamics in Humans and Other Primates,* Adonis Books, New York 2003.

Wachsmuth, Guenther, *The Etheric Formative Forces in Cosmos, Earth and Man*, New York 1927.

Whicher, Olive, *The Plant between Sun and Earth*, Rudolf Steiner Press, London 1952.

—, *Projective Geometry*, Rudolf Steiner Press, London 1971.

—, *Sunspace*, Rudolf Steiner Press, London 1989.

Wigner, Eugene, 'The Unreasonable Effectiveness of Mathematics in the Natural Sciences', in *Communications in Pure and Applied Mathematics,* Vol. 13, No. 1, February 1960.

Williams, Robyn, *Unintelligent Design,* Allen & Unwin, Sydney 2006.

Wolfram, Stephen, *A New Kind of Science*, Wolfram Media, Champaign, USA 2002.

Zajonc, Arthur, *Catching the Light, Bantam, New York 1993.*

中英名詞對照

T

tetragonal　四方晶系

D'Arcy Wentworth Thompson　達西・溫特沃斯・湯普森

The Unreasonable Effectiveness of Mathematics in the Natural Sciences　《數學在自然科學中不合理的有效性》

The Curves of Life　《生命的曲線》

The Divine Proportion　《神聖比例》

The Dynamic Heart and Circulation　《動態心臟與循環》

The Music of Life　《生命的樂章》

The Vortex of Life　《生命的漩渦》

Thomas, Nike　尼克・湯瑪斯

Timaeus　《蒂邁歐篇》

Time Stands Still　《時光靜止》

Tolkien　托爾金

triclinic　三斜晶系

trigonal　三方晶系

V

Jos Verhulst　喬思・韋呂勒

W

water vortex　水漩渦

Western Australian Museum　西澳洲博物館

Wilkes, John　約翰・威爾克斯

Wigner, Eugene　尤金・維格納

數學也可以這樣學 2

跟大自然學幾何

原著書名╱Geometry in Nature
作　　者╱約翰・布雷克伍德 John Blackwood
譯　　者╱林倉億、蘇惠玉、蘇俊鴻
責任編輯╱陳玳妮
版　　權╱林心紅

行銷業務╱李衍逸、黃崇華
總　編　輯╱楊如玉
總　經　理╱彭之琬
法律顧問╱台英國際商務法律事務所　羅明通律師
出　　版╱商周出版
　　　　　城邦文化事業股份有限公司
　　　　　台北市中山區民生東路二段141號4樓
　　　　　電話：(02) 2500-7008　　傳真：(02) 2500-7759
　　　　　E-mail：bwp.service@cite.com.tw
發　　行╱英屬蓋曼群島商家庭傳媒股份有限公司城邦分公司
　　　　　台北市中山區民生東路二段141號2樓
　　　　　書蟲客服服務專線：02-25007718・02-25007719
　　　　　24小時傳真服務：02-25001990・02-25001991
　　　　　服務時間：週一至週五09:30-12:00・13:30-17:00
　　　　　郵撥帳號：19863813　　戶名：書蟲股份有限公司
　　　　　讀者服務信箱E-mail：service@readingclub.com.tw
　　　　　歡迎光臨城邦讀書花園　　網址：www.cite.com.tw

香港發行所╱城邦（香港）出版集團有限公司
　　　　　香港灣仔駱克道193號東超商業中心1樓
　　　　　Email：hkcite@biznetvigator.com
　　　　　電話：(852) 25086231　　傳真：(852) 25789337

馬新發行所╱城邦(馬新)出版集團 Cite (M) Sdn. Bhd.
　　　　　41, Jalan Radin Anum, Bandar Baru Sri Petaling,
　　　　　57000 Kuala Lumpur, Malaysia
　　　　　電話：(603) 90578822　　傳真：(603) 90576622

封面設計╱李東記
排　　版╱藍天圖物宣字社
印　　刷╱卡樂彩色製版印刷有限公司
經　銷　商╱高見文化行銷股份有限公司
　　　　　電話：(02)2668-9005　　傳真：(02)2668-9790　　客服專線：0800-055-365

■2018年8月7日初版　　　　　　　　Printed in Taiwan
■2022年10月18日初版3刷
□定價╱480元

Original title: Geometry in Nature
by John Blackwood
Copyright © 2012 by John Blackwood
Complex Chinese translation copyright © 2018 by Business Weekly Publications, a division of Cité Publishing Ltd.
This edition arranged with Floris Books through Peony Literary Agency Limited
ALL RIGHTS RESERVED　著作權所有，翻印必究

城邦讀書花園
www.cite.com.tw

ISBN 978-986-477-494-4

國家圖書館出版品預行編目資料

數學也可以這樣學2：跟大自然學幾何
約翰・布雷克伍德 John Blackwood 著
林倉億，蘇惠玉，蘇俊鴻譯
初版. -- 臺北市：商周出版：家庭傳媒城邦分
公司發行
2018.08　面；　公分
譯自：Geometry in nature：exploring the
morphology of the natural world through
projective geometry
ISBN 978-986-477-494-4（平裝）
1. 幾何
316　　　　　　　　　　　　　107009790